智能系统与技术丛书

ChatGPT
原理与架构

大模型的预训练、迁移和中间件编程

程 戈◎著

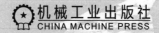

机械工业出版社
CHINA MACHINE PRESS

图书在版编目（CIP）数据

ChatGPT 原理与架构：大模型的预训练、迁移和中间件编程 / 程戈著 . —北京：机械工业出版社，2023.10
（智能系统与技术丛书）
ISBN 978-7-111-73956-2

I. ① C⋯ II. ①程⋯ III. ①人工智能 IV. ① TP18

中国国家版本馆 CIP 数据核字（2023）第 185988 号

机械工业出版社（北京市百万庄大街 22 号　邮政编码 100037）
策划编辑：杨福川　　　　　　　责任编辑：杨福川　　陈　洁
责任校对：曹若菲　　彭　箫　　责任印制：张　博
保定市中画美凯印刷有限公司印刷
2023 年 12 月第 1 版第 1 次印刷
186mm × 240mm · 13.75 印张 · 296 千字
标准书号：ISBN 978-7-111-73956-2
定价：99.00 元

电话服务　　　　　　网络服务
客服电话：010-88361066　机 工 官 网：www.cmpbook.com
　　　　　010-88379833　机 工 官 博：weibo.com/cmp1952
　　　　　010-68326294　金 书 网：www.golden-book.com
封底无防伪标均为盗版　机工教育服务网：www.cmpedu.com

前　言

作为一名高校计算机专业的科研工作者、一名创业的老兵，我在亲身体验了 ChatGPT 的逻辑推理等能力后，深感震撼。人们在为生成式人工智能所带来的多模态内容创作效率的提升而欢呼时，常常低估 ChatGPT 的推理能力。这种能力使 ChatGPT 不仅能作为新一代人机交互的核心，还能作为智能代理来构建自动化和半自动化的工作流程，甚至使它能与工业控制或机器人领域相结合，引发深刻的社会变革。

许多人低估了这种变革的影响力。以当前研发和商业应用的迭代速度来看，我预计在未来三至五年内，这种变革将逐渐渗透到人类生活和生产的各个方面，极大地提升现有的生产力。若要追溯上一个被称为"巨大技术变革"的时代，很多人都会毫不犹豫地说是互联网开创期。这次变革也将重塑内容生产相关的商业模式，改变现有的工作方式，甚至推动生产方式的变革。当然，这还需要依赖下一代大语言模型在内容输出的可控性方面的突破。

本书主要内容

本书能够帮助读者深入理解 ChatGPT 及其相关技术。全书共 11 章，从多个角度对 ChatGPT 进行了全面探讨。第 1 章深入分析了大语言模型的技术演化、技术栈，并探讨了它对社会的巨大影响。第 2 章详细阐述了 Transformer 模型的理论基础和主要组件。第 3 章深入解析了 GPT 模型的生成式预训练过程和原理。第 4 章主要探讨了 GPT-2 的层归一化、正交初始化和可逆的分词方法等技术，并详细分析了 GPT-2 的自回归生成过程。第 5 章介绍了 GPT-3 的稀疏注意力模式、元学习和基于内容的学习等技术，并对贝叶斯推断在概念分布中的应用进行了深入讨论。第 6 章详细介绍了大语言模型的预训练数据集和数据处理方法，同时阐述了分布式训练模式和技术路线。第 7 章深入解析了 PPO 算法的基本原理。第 8 章主要阐述了人类反馈强化学习的微调数据集以及 PPO 在 InstructGPT 中的应用，并讨论了多轮对话的能力和人类反馈强化学习的必要性。第 9 章深入探讨了大语言模型在低算力环境中的应用策略。第 10 章主要介绍了在大语言模型开发中涉及的中间件编程技术。第 11 章对大语言模型的发展趋势进行了预测和展望。

本书读者对象

- ❏ 人工智能领域的产品经理。对于希望在自家产品中引入 AI 功能的产品经理来说，了解 ChatGPT 等大语言模型的基本原理和运行机制是至关重要的。从本书中，他们可以学习大语言模型的设计思想、构造方式，以及如何将这些模型整合到产品中去。他们也可以借此更好地理解产品的性能瓶颈，从而进行更为精确的产品规划。

- ❏ 人工智能相关专业的研究人员。AI 研究者可以将本书作为一本深入了解大语言模型的教科书。无论是 Transformer 模型的细节，还是 GPT 模型训练和优化的技巧，书中都进行了详细的介绍。更重要的是，书中还探讨了一些最前沿的研究领域，比如人类反馈强化学习、指令自举标注算法等。

- ❏ 大规模数据处理和分析的工程师。对于面临如何高效处理大规模数据、如何构建分布式训练架构等问题的工程师来说，本书可以提供许多宝贵的建议和思路。例如，第 6 章对数据处理和分布式训练模式进行了深入的讨论。

- ❏ AI 技术的爱好者和使用者。如果你是一个 AI 技术的爱好者，或者是一个善于运用技术改善生活的人，本书同样适合你。书中对大语言模型的介绍通俗易懂，可以让你对这个强大的技术有个全面的了解。此外，书中还提供了许多实用的使用技巧和案例，可以将它们直接应用到你的生活或工作中去。

联系作者

鉴于作者的写作水平有限，书中难免存在不妥之处，如在阅读过程中有任何疑问或建议，可以通过邮箱 chenggextu@hotmail.com 联系我。非常期待你的反馈，因为这将对我未来的写作有很大的帮助。希望你在阅读本书的过程中能获得深刻的启示，并加深对大语言模型和人工智能的理解。

致谢

首先，感谢我的家人。在本书的撰写过程中，陪伴他们的时间大大减少，但他们始终给予支持与理解，让我能够全心投入到写作中，无后顾之忧。

其次，感谢机械工业出版社的各位编辑，本书的顺利出版离不开他们的敬业精神和一丝不苟的工作态度。

最后，感谢我的研究生尹智斌、罗琦凡、庚志文、余江楠和杨金，他们为本书绘制了大量的插图。

目　录

第 1 章

人工智能的新里程碑——ChatGPT

OpenAI 在 2022 年 11 月推出了人工智能聊天应用——ChatGPT。它具有广泛的应用场景，在多项专业和学术基准测试中表现出的智力水平，不仅接近甚至有时超越了人类的平均水平。这使得 ChatGPT 在推出之初就受到广大用户的欢迎，被科技界誉为人工智能领域的新里程碑。

1.1 ChatGPT 的发展历程

半个多世纪以来，让计算机像人类一样进行交流一直是科技领域的追求。对于聊天应用，人们并不陌生。早在 1966 年，MIT 的约瑟夫·维森鲍姆（Joseph Weizenbaum）教授就开发了第一个聊天程序 ELIZA。随着时间的推移，人们见证了从苹果的 Siri、微软的小冰、智能音箱到各种领域的智能助手的诞生，这些人工智能产品已经深深地融入人们的生活中。

这些产品有一个共同的特性，即它们能很明显地被识别为人工智能产品，这意味着它们与人类的会话水平还有较大的距离。但 ChatGPT 与众不同，它不仅能进行复杂的多轮文本对话，还能编写代码、营销文案、诗歌、商业计划书和电影剧本。尽管它并不完美，可能会出现错误，但其强大的能力足以使它成为最接近通过图灵测试的人工智能产品。

ChatGPT 是由 OpenAI 团队研发的。OpenAI 是由创业家埃隆·马斯克、美国创业孵化器 Y Combinator 总裁山姆·阿尔特曼，以及全球在线支付平台 PayPal 的联合创始人彼得·泰尔等于 2015 年在旧金山创立的一家非营利的 AI 研究机构。总部位于美国加利福尼亚州的 OpenAI，得到了众多硅谷知名人士的资金支持，初始投资就高达 10 亿美元。

Transformer 模型是由谷歌大脑团队在 2017 年的论文 "Attention is all you need" 中首次提出的。如今，该模型已被视为人工智能发展的重要里程碑，它虽然没有完全取代以往的循环神经网络（Recurrent Neural Network，RNN）和卷积神经网络（Convolutional Neural Network，CNN）结构，但在自然语言处理（Natural Language Processing，NLP）和计算机视觉（Computer Vision，CV）等领域中展现出了出色的效果，并已成为这些领域的基础架构。如图 1.1 所示，OpenAI 在 Transformer 模型的基础上，不断地进行 NLP 的研究，最终推出了 ChatGPT。

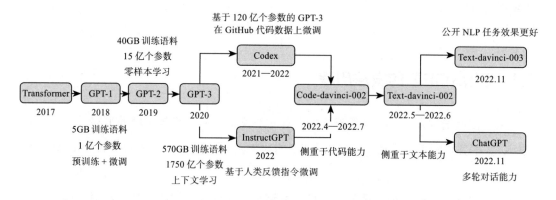

图 1.1　GPT 系列进化时间线

OpenAI 在 2018 年首次推出了其生成式预训练模型 GPT-1，该模型利用大规模未标注数据，通过预训练的方式增强了 AI 系统的语言处理能力，并通过有监督微调方式在多任务上具有泛化能力。

2019 年 3 月，OpenAI 从非营利组织转变为封顶利润组织，引入微软作为其战略投资者，并创建了 OpenAI LP 公司。同年 7 月，微软向 OpenAI 投资 10 亿美元，获得 OpenAI 技术的商业化授权，将 OpenAI 公司开发的产品与微软产品深度融合。同年，OpenAI 推出了 GPT-2 模型，该模型利用更大的数据集 WebText（约有 40 GB 的文本数据、800 万个文档）以及更多的模型参数（达到惊人的 15 亿个参数），进一步提高了模型的准确性，并提出零样本学习（zero-shot）证明了无监督学习的价值，以及预训练模型可广泛应用于 NLP 的下游任务中。

到 2020 年 6 月，OpenAI 发布了 GPT-3 模型，同时推出了其首个产品 OpenAI API，标志着 OpenAI 正式进入商业运营阶段。同年 9 月，OpenAI 授权微软使用其 GPT-3 模型，使微软成为全球首个使用 OpenAI GPT-3 的公司。GPT-3 的规模空前庞大，最大版本拥有 1750 亿个参数，是 GPT-2 的约 117 倍。此外，GPT-3 提出了上下文学习（In Context Learning，ICL），采用提示（Prompt）的方式适配更多的下游任务，并出现思维链等多种涌现能力。

2021 年，微软再次向 OpenAI 投资，双方的合作进入新阶段。2022 年 11 月，OpenAI 在微软的支持下发布了 ChatGPT，ChatGPT 基于 GPT-3.5，并采用 InstructGPT 类似的人类反馈强化学习（Human Feedback Reinforcement Learning）来对齐人类需求，仅两个月后，ChatGPT 的全球活跃用户数就突破了 1 亿。2023 年年初，OpenAI 推出了 ChatGPT Plus 订阅服务以及具备多模态数据处理和推理能力的 GPT-4 模型，为 ChatGPT Plus 的用户提供了使用自然语言处理版本的 GPT-4。

1.2　ChatGPT 的能力

在 2023 年 3 月 15 日公布的 GPT-4 演示视频中，GPT-4 成功识别了一张气球图片，并对"如果绳子剪断会怎么样？"的指令做出了推断——"气球将飞走"，如图 1.2 所示。这一事实表明，GPT-4 已经掌握了对图像等多模态数据进行读取和综合推理的能力。借助庞大的参数量，GPT-4 不仅能解读图片的表面信息，还可以理解其深层含义。

这种能力在全球范围内产生了较大的震动，使人们深感 GPT-4 已逐渐靠近通用人工智能（Artificial General Intelligence，AGI）的领域。这也引发了进一步的思考，即 GPT 系列是否能向强人工智能（Strong AI）迈进，并最终发展成超越人类智能而存在。

回溯到 20 世纪 70 年代，学术界在 Intelligence 的定义中明确指出，智能不应仅限于特定任务。过去的十年见证了 AI 在各领域的广泛应用，例如 AlphaGo 的围棋技艺、AlphaFold 对蛋白质的解析，以及 CV 领域的 Yolo 系列等，但这些都只是特定领域的智能系统。因此，AGI 这一概念应运而生，它与之前提到的"狭义 AI"形成鲜明对比，尽管学术界和工业界尚未就 AGI 的定义达成共识。

图 1.2　GPT-4 气球图片多模态推理演示

虽然 ChatGPT 的主要功能是聊天，但其应用领域极其广泛。它能编写和调试计算机程序，模拟名人的写作风格制作商业宣传单，创作音乐、电视剧、童话、学生作文、诗歌，模拟 Linux 系统、聊天室，甚至模拟 ATM 的运作。

如图 1.3 所示，在各类专业和学术基准测试中，GPT-4 的表现达到了人类水平。值得一提的是，GPT-4 在模拟统一律师资格考试中的表现位列所有考生的前 10%，超越了绝大部分考生。在其他各类测试中，GPT-4 的表现也处于领先地位。这些高分不仅代表着更为真实和合乎逻辑的推理能力，也代表着更为强大的问题处理能力。

尽管 GPT-4 在各类考试中表现出色，能助力翻译与编程任务，并提供创新的想法，但评估其智能程度的方式仍待探讨，这是一个颇具深度的问题。此外，由于 GPT-4 在训练过程中接触了大量的数据，覆盖了互联网上几乎所有的信息，因此在特定任务上，往往难以分辨它是记住了这些任务的内容，还是真正理解了这些任务。这无疑是评估其智能程度的关键因素。

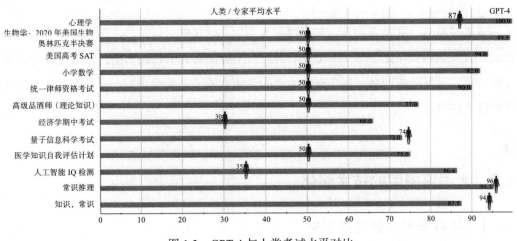

图 1.3　GPT-4 与人类考试水平对比

（图片来源：https://lifearchitect.ai/iq-testing-ai/）

如果从人类自省智能的角度来看，人类智能的一个重要特征就是对多领域任务的理解。评估 GPT-4 的智能水平可以从以下几个关键方面进行。

❑ **任务表现**：作为评估 ChatGPT 能力的重要指标，值得关注的是它在考试、翻译、编程、创新思维生成等多种任务中的表现。实际上，GPT-4 已在许多专业和学术测试中证明了它超过常人的能力。

❑ **知识理解与应用**：评估 ChatGPT 是否真正理解了所学的知识，以及它如何应用这些知识，有助于衡量其智能水平。一个真正的智能实体应具备在各种情况下理解并灵活运用知识的能力。ChatGPT 已通过各种任务（如编写和调试程序、模仿名人风格撰写商业宣传单、创作音乐和电视剧）展示了它在知识理解和应用方面的出色能力。

❑ **泛化能力**：一个智能实体在面对新任务和未见过的数据时的表现，即其泛化能力，是评估其智能的关键指标。尽管 ChatGPT 的训练数据可能存在时效性问题，但它仍能对新问题和情境提出创新的解决方案，而不是仅仅依赖已有的知识和模式。

❑ 自主学习和推理能力：通过提示示例的方式向 ChatGPT 注入新的知识，ChatGPT 展示了其自主学习和推理的能力。它能发现新知识，并能在各种任务和情境中进行推理。

通过对 GPT-4 在任务表现、知识理解与应用、泛化能力以及自主学习和推理能力方面的综合评估可以断定，GPT-4 代表了当前人工智能研究的最高水平，它是至今为止最接近通用人工智能的产品。这必将给人类的生活方式带来深远影响，这种变革在未来几年内将更加明显。

1.3 大语言模型的技术演化

1.3.1 从符号主义到连接主义

ChatGPT 的核心功能之一是 NLP。NLP 初期是通过符号来表达对现实世界的理解，并依赖预设规则进行知识推理。具体来说，这种方法根据预设规则在知识库中进行查找，并通过逻辑运算进行推理。但是，符号主义往往难以有效应对语言的多样性和歧义性，同时其鲁棒性和泛化能力也相对较弱。随着语言现象的复杂性增加，手动设计规则的数量急剧增长，导致处理语言的多样性和统计特征变得更加困难。

机器学习和深度学习的出现引领了 NLP 技术向数据驱动的时代迈进。在机器学习时代，尽管可以针对 NLP 的特定子任务，基于训练数据在预设的函数空间内寻找最优映射，但这并未完全解决规则设计的问题。特征工程成为影响机器学习效果的重要因素，然而预设的函数空间往往在特定子任务的鲁棒性和泛化能力方面表现不佳。

深度学习模型的出现引发了 NLP 的革命。早期的 NLP 文本生成主要依赖传统的循环神经网络（RNN）、长短时记忆（Long Short-Term Memory，LSTM）网络或门控循环单元（Gated Recurrent Unit，GRU）。这三种经典模型都是基于循环结构的，非常适合处理序列化的 NLP 任务。

RNN 通过引入记忆机制，可以处理序列数据点之间的依赖关系（前后或时间关系），并将记忆的概念引入神经网络，通过训练学习上下文相关的模式。然而，RNN 存在记忆短暂的问题。为解决此问题，LSTM 和 GRU 应运而生。它们通过内部的门控机制调整信息流动，保留序列中的重要信息，丢弃非关键信息，从而把有价值的数据传递到后续的长序列计算中。

然而，RNN 架构（包括 LSTM 和 GRU）仍面临着多项挑战，难以作为大语言模型（Large Language Model，LLM）的基础架构，主要表现在以下方面：

1）并行计算能力不足。RNN 需要按序处理序列数据中的每个时间步，这限制了它在训练过程中充分利用现代 GPU 的并行计算能力，从而影响训练效率。

2）长程依赖问题。尽管 LSTM 和 GRU 在处理长程依赖上比基本的 RNN 更为出色，但在处理非常长的序列时，它们依然存在困难。

3）模型容量限制。LSTM 和 GRU 的模型容量相对较小，这在大语言模型训练中限制了模型的规模，使获取更丰富的语义信息和构建更复杂的表示变得困难。

1.3.2　Transformer 模型

GPT 系列采用了 Transformer 模型，这是 NLP 任务中广泛使用的深度学习模型，由 Vaswani 等于 2017 年提出。Transformer 模型的核心组件是自注意力机制，在模型中，对每个输入元素分别计算查询（Query）、键（Key）和值（Value）向量。模型通过矩阵运算来计算各个元素间的关联度（概率），并生成最可能的序列，从而捕捉输入序列中的长程依赖关系。

相较于 RNN，Transformer 模型的自注意力机制可以同时处理整个序列（见图 1.4），充分利用并行计算能力，提升训练效率。同时，这种模型可以直接捕捉序列中任意位置之间的依赖关系，有效地解决长程依赖问题。在大语言模型训练中，Transformer 模型具有良好的扩展性，能够更容易地扩大模型规模，从而捕捉更多的信息，构建更复杂的表示。因此，它几乎成为自然语言处理、视觉处理多模态处理的基础模型。

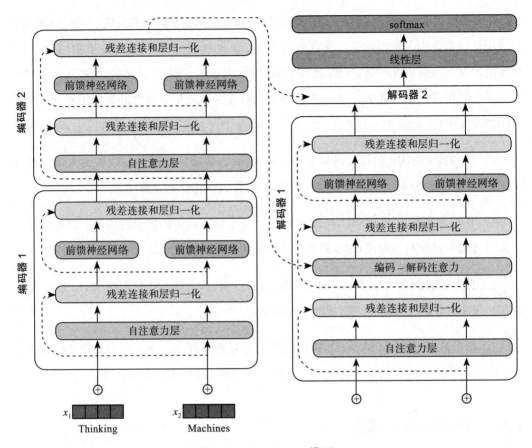

图 1.4 Transformer 模型

（图片来源：http://jalammar.github.io/illustrated-transformer/）

值得注意的是，虽然原始的 Transformer 模型包括编码器–解码器架构，但 GPT 只采用了解码器部分（见图 1.5）。编码器和解码器都由 N 个相同的层堆叠而成。源序列和目标序列（原始数据可以是图像或文本）都经过嵌入层处理后得到相同维度的数据。每个编码器层都包含一个多头注意力模块（带有 Q、K、V 输入）和一个前馈神经网络模块。解码器层首先是一个多头注意力模块，然后是一个与编码器堆叠输出相连接的多头注意力模块（即查询 Q 来自解码器，而值 V 和键 K 来自编码器），最后是一个前馈神经网络模块。输出阶段通过 softmax 分类器（选择概率最高的分类或词汇）进行处理。

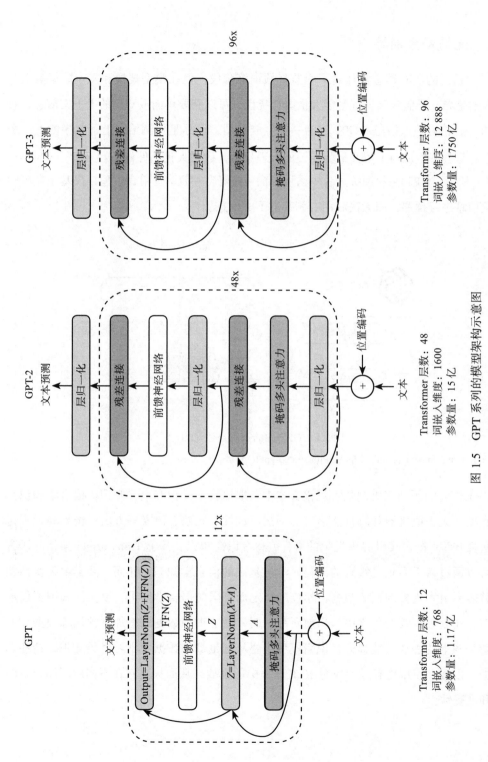

图 1.5　GPT 系列的模型架构示意图

（图片来源：https://api.stock.us/api/v1/report-file/wz3g1myv?download）

1.3.3 无监督预训练

GPT 系列的所有模型都经过了无监督预训练阶段，但在模型规模和文本数据量上有着巨大的差异。无监督预训练基于大量语料统计，可以获取单向或双向的上下文信息，对数据的前后相对关系敏感。GPT 作为一个生成模型，目标是预测给定上下文中的下一个词。它总是尝试生成与上下文最为相关的合理文本，以最大化条件概率 $P(\text{target}|\text{context})$。如图 1.6 所示，GPT 在预训练过程中采用单向（掩码自注意力）语言模型，仅基于左侧的上下文信息进行预测，而无法利用右侧的上下文信息。

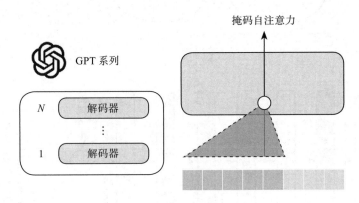

图 1.6　GPT 中的掩码自注意力

（图片来源：http://jalammar.github.io/illustrated-gpt2/）

GPT 模型的预训练机制从大规模文本中获取语言学知识和世界知识。语言学知识涵盖了有助于人类或机器理解自然语言的词法、词性、句法、语义等方面；世界知识则包括事实性知识（即真实世界中发生的事件）和常识性知识。基于 Transformer 架构的语言模型可以通过从千万到亿级别的语料库学习基础的语言学知识。然而，要学习事实性知识，就需要更大规模的训练数据，相较于稳定而有限的语言学知识，事实性知识不仅数量繁多，还处于持续变化之中。当前研究表明，随着训练数据的增加，预训练模型在各种下游任务上的表现持续提升，说明模型主要从增量训练数据中学习世界知识。这些训练数据可以帮助模型更有效地应对 NLP 任务中的挑战，从而提高它在不同应用场景下的性能和准确性。

1.3.4　有监督微调

尽管 GPT 模型在预训练阶段掌握了大量的语言学知识和世界知识，但要使其在特定任务上表现卓越，还需要进行有监督微调。在这个过程中，模型会利用标注好的数据集，通过监督学习调整参数，以更好地满足任务需求。对于 GPT 系列模型来说，这通常包括问答、对话生成、情感分析等 NLP 任务。然而，并非所有的 GPT 模型都要经过有监督微调，因为构建用于下游任务的有监督微调训练数据集的任务复杂且成本高昂，并且随着模型参数规模的增大，训练成本也会呈指数增长。虽然 GPT 系列中 GPT-1 和 GPT-3.5及以上版本的模型基于少量样本进行了有监督微调，但其主要的能力依然来自大规模的预训练阶段，并通过上下文学习的方式适配更多的下游任务。

1.3.5　人类反馈强化学习

有监督微调能提高模型在特定任务上的表现，但仍可能存在问题。为了进一步优化模型，GPT-3.5 以上的版本引入了人类反馈强化学习。如图 1.7 所示，在这个过程中，模型生成的回答会由人类评价员进行评价，然后将评价结果作为强化学习信号反馈给模型，进而优化模型的表现。这样，ChatGPT 可以通过与人类的交互，逐步提高生成的回答的质量。

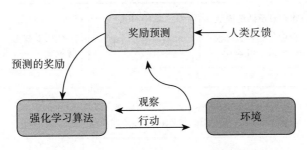

图 1.7　人类反馈强化学习的基本原理

具体来说，从数据集中随机抽取问题，由人类标注员提供高质量答案，然后用这些人工标注的数据微调 GPT 模型。通过监督学习，模型能够生成更符合人类预期的答案。人类反馈强化学习包括三个步骤：首先是有监督微调；接下来是训练奖励模型（Reward Model，RM），人类标注员根据输出结果进行排序，然后用排序的结果数据训练奖励模型；

最后，利用训练好的奖励模型通过强化学习优化策略，根据奖励模型的分数更新预训练模型的参数。重复后两个步骤，可以训练出更高质量的模型，使其生成的内容对齐人类的需求。

1.4　大语言模型的技术栈

ChatGPT 这类大语言模型正逐渐成为一种基础架构，其技术栈由众多组件组成，包括容器化、性能监控、商业智能、事件处理、云服务、微服务及分析工具等。大语言模型的技术栈自下而上可以划分为 5 个层次，如图 1.8 所示。

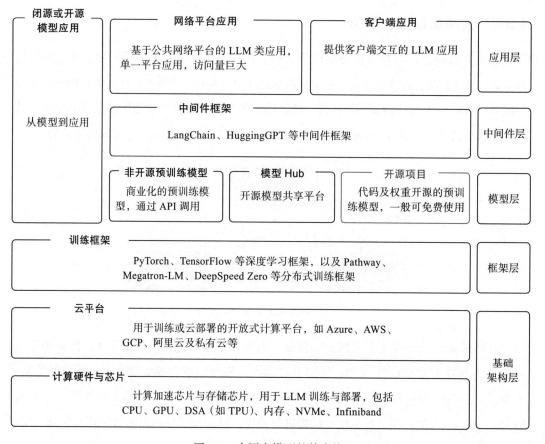

图 1.8　大语言模型的技术栈

1）基础架构层：该层负责提供执行训练和推理任务所需的基础设施，包括公有云、私有云以及计算硬件。在此层中，AI 硬件的性能往往成为限制因素。目前，大多数大语言模型的计算工作都在云平台的 GPU 或 TPU 上进行，包括模型供应商和研究实验室完成训练任务，以及应用企业部署或微调模型。自从 GPU 取代 CPU 成为主流 AI 计算硬件之后，AI 领域再次面临大规模计算能力的限制，这已经成为近十年来的新挑战。

2）框架层：该层提供了深度学习框架和分布式训练框架，用于训练和部署模型，包括 PyTorch、TensorFlow 等知名的深度学习框架，以及 Pathway、Megatron-LM、DeepSpeed Zero 等分布式训练框架。

3）模型层：该层包括各种开源或非开源的模型。这一层为应用层或中间件层提供功能支持，通常通过 API 实现。

4）中间件层：该层包括大语言模型接口的封装、优化提示、引入外部知识以及其他第三方工具的接口。值得注意的是，中间件层根据用户不同的工作流程需求，还提供具有长期记忆和代理能力的中间件服务，以分解工作流，调用工具，连接应用层和模型层，从而降低开发者与模型的交互难度，进一步降低大语言模型在实际应用中的使用门槛。

5）应用层：该层将 AI 模型集成到面向用户的应用程序中，大部分企业通过中间件层或直接调用大语言模型，将其集成到自己的客户端应用程序或搜索引擎中，从而使产品具备大语言模型的智能协作能力和生成能力，如微软的 New Bing 等。

一些闭源的大语言模型会直接封装成上层应用，如 OpenAI 的 ChatGPT。另一些基于数据隐私或商业竞争需求的企业，可能会在开源的大语言模型基础上进行微调，构建垂直领域的特定模型，并基于这一模型为终端客户提供服务，以适应特定领域的需求。

1.5　大语言模型带来的影响

ChatGPT 的成功对自然语言处理及其相关领域带来的影响不可忽视。未来，相关的技术发展趋势可能会呈现以下特点：

1）NLP 子领域的独立研究意义可能会逐渐减弱。随着大语言模型规模的扩大，NLP 领域各个子任务的性能有望得到显著提升。传统的基于小模型的微调研究方法可能会逐渐被基于大模型和内容学习（如提示）的方法所取代。许多看似"特定领域"的问题，可能主要源于领域知识的缺乏。只要拥有足够的领域知识，这些问题就有可能得到解决。实现 AGI 的路径也许比人们预期的更为直接：只需要给大语言模型提供更多的领域数据，让其自我学习即可。

2）大语言模型会逐步多模态化，并成为通用人机接口。如图 1.9 所示，大语言模型的应用领域有望扩大，不仅包括 NLP，还可能拓展至图像处理、视频和语音等多模态任务。GPT-4 在发布演示中已经展示了多模态大语言模型的应用情景。大语言模型有可能成为支持多模态输入输出的通用人机接口，这一趋势可能会从操作系统和常用的工具软件开始，逐步渗透到各行业软件中，最终实现广泛应用。

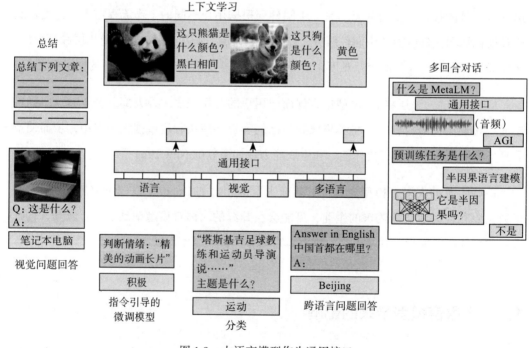

图 1.9　大语言模型作为通用接口

（图片来源：论文"Language models are general-purpose interfaces"）

3）大语言模型的低算力训练与部署将成为研究和应用的重点。鉴于开发大语言模型需要巨大的资金投入，只有少数大型企业可能会继续推出与 ChatGPT 竞争的大语言模型。大量的垂直领域公司可能会尝试在开源版本上进行定制，利用领域数据构建自己商业模式的"护城河"。然而，大语言模型的能力通常在达到一定的规模阈值后才能显现，因此，试图通过小规模模型加上领域数据微调的方式可能无法达到理想的效果，大模型的低算力训练与部署必然成为研究和应用的热点。

4）基于大语言模型的中间件整合企业工作流。许多中小企业可能会使用基于大语言模型的中间件（见图 1.10）来整合企业工作流，以增强企业竞争力，即使这可能需要牺牲领域数据的安全性。ChatGPT 这样的大语言模型不仅展示了多模态数据处理和生成的高效性，更重要的是，它展示了复杂的推理能力和对分布外事件的鲁棒性。这使得大语言模型能够作为智能代理整合现有的企业工作流，从而实现工作流程的自动化，提高工作效率。但这会带来恐怖的螺旋效应，越多领域数据被垄断的大语言模型所获取，垄断的大语言模型的能力迭代也会越快，其他的中小规模企业为了不在竞争中落败，就会越来越依赖基于大语言模型中间件整合企业工作流带来的效率提升。

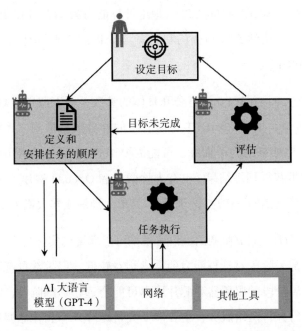

图 1.10　基于 LLM 中间件（AutoGPT）整合工作流的示意图

1.6　大语言模型复现的壁垒

1.6.1　算力瓶颈

在大语言模型如 GPT-4 出现之前，国内的应用场景很少需要如此强大的 GPU 计算能力。这种大语言模型的计算成本主要涉及两个方面：模型的初始训练和后续的运行维护。对于那些打算设计或应用 GPT-4 等大语言模型的企业，它们对计算能力的需求主要体现在以下两个阶段：

1）预训练与微调阶段：此阶段内，预训练模型从零开始，利用大量的通用数据进行训练，同时验证预训练模型的效果，从而形成模型的基础知识。接下来，根据具体的商业应用或其他应用场景的特定数据进行微调，以提高在这些场景下的响应精度。虽然 GPT-4 并未公开在此阶段的具体数据，但可以参考其他大语言模型进行估计。例如，Meta LLaMA 的 650 亿个参数的模型在约 21 天的时间内，利用 2048 个 NVIDIA A100 GPU 来训练 1.4 万亿个 token（750 个词约等于 1000 个 token），训练成本约为 100 万 GPU 小时。对于参数达到 1750 亿的 GPT-3 模型，需要 3.14×10^{23} FLOPS 的计算能力进行训练。假设采用 NVIDIA 80GB A100 GPU（理论计算能力为 312 TFLOPS），并使用张量并行和流水线并行技术，达到 50% 以上的利用率。如果设定训练时间为 1 个月，那么预估将需要 758 个 A100 GPU。

ChatGPT 3.5 与 ChatGPT 4.0 没有公开具体的参数，可以假定与 GPT-3 的规模相当，都是 1750 亿的参数量，根据 ChatGPT 官网公布的部分数据推测，其显存占用量应该是 350GB ～ 500GB。但如果是为了训练，可能需要 1000 个以上的 A100 GPU 的算力才能在可以接受的时间里获得训练结果（也有人称微软和 OpenAI 构建了一台包括 10 000 个以上 GPU 的超级计算机用于 GPT-3 的训练），其单次训练成本大概为 500 万美元。

2）推理与部署阶段：完成微调的大语言模型可以部署到实际的生产环境中进行应用。相较于训练阶段，部署阶段对计算能力的需求相对较低，但是数量基数较大。对于大量在线交互来说，部署阶段的服务器和芯片成本可能会远超训练阶段，因为在集群中需要有大量的服务器进行并行网络服务，主要涉及大量矩阵计算和存储调度。特别是在一些特定的场景下，如端侧应用场景，可能还会有硬件性价比和响应延迟的特殊要求，这时候传统的 GPU 就无法满足需求了。

根据 OpenAI 首席执行官 Sam Altman 的一次采访，可以做以下假设：OpenAI 采用 GPT-3 的密集模型架构，参数规模为 1750 亿，隐藏层维度为 16 000，序列长度为 4000，每个响应的平均令牌数为 2000，每个用户有 15 个响应，有 1300 万日活跃用户。考虑到空闲时间导致的 50% 硬件利用率和每个 GPU 每小时的成本为 1 美元，且性能是 FasterTransformer 的 2 倍。在这些前提下，ChatGPT 的日均计算硬件成本大约为 69 万美元。OpenAI 需要大约 3600 台 HGX A100 服务器（共计 28 936 个 GPU）来为 ChatGPT 提供服务，每次查询的成本约为 0.36 美分。

1.6.2　数据瓶颈

大语言模型的训练与操作依赖于大量的数据，这些数据使得模型能够学习并掌握自然语言的各种模式和结构。由于企业往往依赖于其业务运营中积累的数据和开源数据集，因此评估数据成本可能存在挑战。大语言模型的规模要求数据必须被有效地清洗、标注、组织和存储。考虑到这些任务所需的基础设施、工具和数据工程师，数据管理和处理的成本可能会迅速增加。

LLaMA 模型使用了一个总大小达到 4.6TB 的训练数据集，包含 1.4 万亿个 token。如图 1.11 所示，GPT-3 所使用的预训练文本数据更是高达 45TB。这些大数据量突显了模型训练所需的资源，并强调了数据质量的重要性。据报告，全球最大的中文语料库 WuDaoCorpora 存储了 3TB 的中文语料，其中 200GB 已向公众开放。

对于训练汉语版的 GPT-3.5，除了搜索和社交行业的巨头外，只有少数垂直行业的公司能够获取到足够的数据。然而，企业在运营期间获取的文本数据能否用于模型训练，是一个涉及法律和道德的重要问题（即使是 codex 训练来源于开源的 GitHub，也同样遭受了大量的非议）。值得关注的是，GPT-4 的多模态训练数据集由图片和文本共同构成，它可能包含多种类型，如图表推理、物理考试、图像理解、论文总结、漫画图文等。

文本训练数据集

预训练数据集（基本训练）

数据集	数量 （token）	混合训练 中的权重	训练3000亿个 token需要的轮次
Common Crawl(filtered)	4100 亿	60%	0.44
WebText2	190 亿	22%	2.9
Books1	120 亿	8%	1.9
Books2	550 亿	8%	0.43
Wikipedia	30 亿	3%	3.4

SFT 的训练数据集（认知 / 表述训练）
三种提示类型：简单（Plain）、小样本
（Few-Shot）、基于用户（User-based）

SFT 数据集（13K 有标签）		
类别	语料来源	个数
训练集	标注员	11 295
训练集	客户	1430

PPO 的训练数据集（领域泛化）
无任何标签，用于 RLHF 微调的输入

PPO 数据集（13K 有标签）		
类别	语料来源	个数
训练集	标注员	11 295

RM 的训练数据集（建立行为准则）
全部为人工标注并打分进行相应排名

RM 数据集（33K 有标签）		
类别	语料来源	个数
训练集	标注员	6623
训练集	客户	26 584

图 1.11 GPT-3 训练数据集构成

（数据来源：论文 "Training language models to follow instructions with human feedback"）

1.6.3 工程瓶颈

大语言模型的开发依赖于专业的研究人员和工程师，他们负责开发架构并正确配置训练过程。如图 1.12 所示，模型的架构决定了模型如何学习和生成文本。设计、实现和管理这些架构需要各种计算机科学领域的专业知识。负责发布、交付前沿研究成果的工程师和研究人员的薪资往往高达数十万美元。值得注意的是，开发大语言模型所需的技能集可能与图 1.12 所示的传统的机器学习工程师的技能集有显著的不同。此外，训练大语言模型对工程实践提出了高标准的要求，包括数据清洗、大规模分布式训练的工程化实现以及在大规模参数和数据量下保持训练稳定性的技术等。

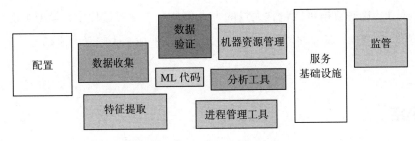

图 1.12　机器学习系统基础设施

1.7　大语言模型的局限性

尽管 GPT-4 等大语言模型已展示出卓越的上下文对话和编程能力，甚至包括图像理解和数据图分析能力，这些特性使其接近于通用人工智能，然而，这些模型仍存在明显的局限性，这些局限性需要通过持续的研究和改进来突破。

1）大语言模型在真实性和正确性上的保证尚不充分。举例来说，GPT-4 在未经大量语料训练的领域可能缺乏"人类常识"和逻辑推理能力。GPT-4 会在许多领域内"创造答案"（幻觉），但这为寻求精确答案的用户提供了误导性信息。尽管与早期模型相比，GPT-4 在减少误导性输出方面取得了显著的进步，但它仍可能输出有害建议、错误代码或不准确的信息。因此，在高风险领域，如法律和医疗领域，不推荐使用 GPT-4。

2）大语言模型的可解释性有待提高。目前，人们仍无法完全理解 GPT-4 内部的算法逻辑，因此无法确保 GPT-4 的输出不会造成潜在的攻击或伤害用户的风险。尽管 OpenAI 提供的数据表明 GPT-4 的错误行为率已经下降，但这些错误仍可能给 OpenAI 带来法律问题。

3）大语言模型面临社会和道德风险。由于 GPT-4 等大语言模型仍存在"黑盒"问题，它们有可能产生带有偏见、虚假或仇恨的文本，也可能受到黑客攻击，从而绕过安全防护机制。虽然 OpenAI 已提出多种策略来降低模型的风险，但 GPT-4 仍有可能被滥用，用于制造假新闻、垃圾邮件或有害内容，也可能产生误导或伤害用户的事实错误或偏见。

4）大语言模型可能带来隐私泄露的风险。GPT-4 可以从各种公开和内部许可的数据源中进行学习，这些数据可能包含大量的个人信息。在学习过程中，模型可能获得重要公众人物的隐私信息，甚至将零散的信息关联起来，造成个人隐私的泄露。

1.8　小结

本章对 ChatGPT 的发展历程及它带来的影响进行了详细的探讨。从早期的 GPT-1 和 GPT-2 到先进的 GPT-3 和 GPT-4，每个版本都为推动人工智能领域的发展起到了重要作用。

本章深入分析了 ChatGPT 的功能范围，包括其理解和生成语言的能力、执行情感分析的精度，以及在回答问题和创作诗歌方面的表现。接下来，概述了大语言模型从早期的 NLP 到现代的 Transformer 模型的技术演进。在技术架构讨论中，从底层到顶层对大模型的架构进行了审视。此外，分析了大语言模型对商业、学术、政策和社会的深远影响，同时关注了为复现此类模型所需的大规模数据和计算资源等关键问题。最后，对大语言模型面临的挑战进行了探讨，包括模型幻觉、可解释性、偏见和隐私等问题。

总体来说，本章为理解 ChatGPT 以及类似的大语言模型的工作机制、潜力和挑战提供了全面的视角。在接下来的章节中，将进一步深入研究 ChatGPT 的相关原理，以便我们更好地了解它们的影响力和未来发展趋势。

第 2 章

深入理解 Transformer 模型

Transformer 模型是一种以自注意力机制为核心的深度学习模型，这种模型颠覆了传统的 RNN 和 CNN 的思维模式，为 NLP 领域带来了深远的影响。如今，Transformer 模型已经在 NLP 领域占据了举足轻重的地位，并催生了众多成功的模型，如 BERT、GPT 等。本章将详细剖析 Transformer 模型的各个核心组成部分。

2.1 Transformer 模型简介

如图 2.1 所示，Transformer 模型包括以下几个核心组成部分：多头注意力机制、前馈神经网络、残差连接与层归一化和位置编码。

在 Transformer 模型中，自注意力机制起着核心作用，它负责计算输入序列中每个元素与其他元素之间的关系。更具体地说，自注意力机制的输入序列由每个元素的"键"（Key）、"查询"（Query）和"值"（Value）表示，然后利用这些表示进行加权求和，从而生成输出序列。多头注意力机制是自注意力机制的扩展，它使模型能够同时关注输入序列中的多个不同上下文信息。在多头注意力的计算过程中，输入序列被划分为多个子空间，

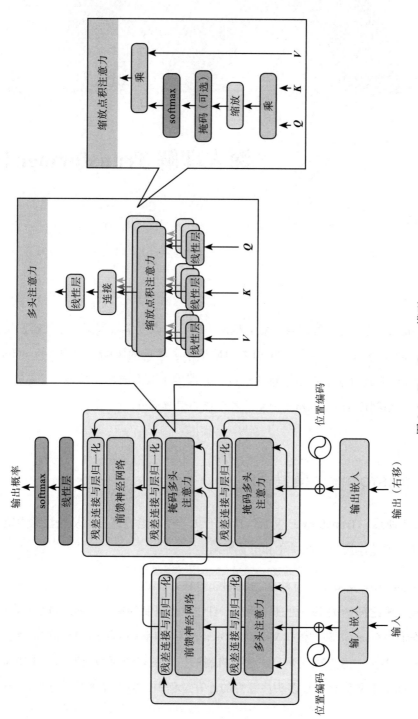

图 2.1   Transformer 模型

每个子空间都进行自注意力计算。然后，这些子空间的计算结果被连接起来，形成最终的输出序列。

前馈神经网络（Feedforward Neural Network，FNN）是 Transformer 模型的另一个重要部分。在 Transformer 中，FNN 由两个线性层和一个激活函数组成。自注意力计算的结果首先通过第一个线性层，接着经过激活函数，最后通过第二个线性层。这个过程在每个 Transformer 层中都会发生。

为了加速训练并提高模型性能，Transformer 采用了残差连接与层归一化。残差连接是将输入序列与经过自注意力和前馈神经网络处理后的序列进行元素级别的相加，形成一个新的序列。层归一化则是将这个新序列在各个维度上进行归一化，以便更快地进行训练。

由于自注意力机制本身无法捕捉序列中元素的顺序信息，Transformer 引入了位置编码，以便将顺序信息融入模型中。位置编码使用正弦和余弦函数来生成每个位置的编码，然后将这些编码添加到输入序列的每个元素上。

在训练过程中，Transformer 通常采用最大似然估计（Maximum Likelihood Estimation，MLE）方法，通过最小化交叉熵损失来优化模型参数。为了加速训练，Transformer 通常采用 Adam 优化器，并引入了学习率预热和梯度裁剪等策略。

2.2　自注意力机制

注意力机制的设计理念受到人类视觉和认知过程的启发。在处理视觉或语言信息时，人们通常会集中注意力在输入中的特定部分，而忽视其他不相关的信息。这种注意力分配机制有助于减轻计算和认知负担，同时提高信息处理的效率和准确性。

2.2.1　自注意力机制的计算过程

自注意力机制（self-attention）是注意力机制的一种特殊形式。在自注意力机制中，输入序列的每个元素都会与序列中的所有其他元素进行交互，以决定它们各自的注意力权重。这就使得自注意力机制在处理序列数据时能够考虑输入序列中的所有元素。这种机制的核心思想在于为序列中的每个元素分配一个权重，这些权重决定了模型处理特定元素时对其他元素的关注程度。自注意力机制的一大优势在于其能够有效捕捉序列中的长程依赖关系，从而增强模型的表示能力。Transformer 中的自注意力机制的计算过程如下。

1）输入序列（如单词、字符或其他类型的元素）通过嵌入层被转换为向量表示，对每个输入元素分别计算查询、键和值向量。这些向量通常是通过与不同的权重矩阵相乘得到的。

自注意力机制的示意图如图 2.2 所示，首先，设输入序列为 x_1, x_2, x_3。这一序列经过嵌入层的处理，得到序列的 token 为 e_1、e_2、e_3。然后，定义三个矩阵 W^Q、W^K、W^V，它们被用于将输入 e_1、e_2、e_3 转化为向量 $q_{i=1,2,3}$、$k_{i=1,2,3}$、$v_{i=1,2,3}$，这些向量在潜在空间中可以视为 e_1、e_2、e_3 的语义表示。

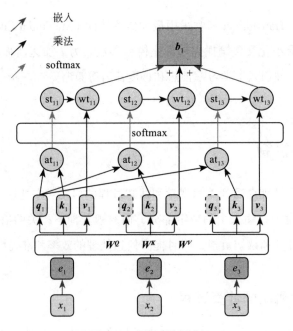

图 2.2　自注意力机制

2）向量 q_1 分别与 $k_{i=1,2,3}$ 做点积运算得到初始的注意力值 at_{1i}，注意 at_{1i} 是一个标量值，而非向量。使用 softmax 函数对上述注意力值 at_{1i} 进行归一化处理，得到 st_{1i}。最后将 st_{1i} 与值向量 $v_{i=1,2,3}$ 相乘，得到新的向量 wt_{1i}，应用 softmax 函数对这个点积结果进行缩放处理（除以向量维度的平方根），以确保注意力权重的总和为 1，且每个权重值都在 0 和 1 之间。将所有 wt_{1i} 向量相加后，形成了输出向量 b_1，这代表了自注意力机制算法的核心：每个输入 token 的输出向量由此计算得到。如此遍历整个输入序列，得到所有的输出向量 b_2、b_3。

自注意力机制的计算过程与 RNN 机制有本质的不同，不依赖于上一时刻的隐藏层状态（Hidden State），而通过在输入序列的嵌入中加入位置信息，使模型能够感知到 token 在序列中的相对位置，这使自注意力算法可以并行化运算。如图 2.3 所示，将三个向量 e_1、e_2、e_3 拼接成为一个矩阵 E，就能矩阵化自注意力运算过程。E 乘以参数矩阵 W^Q、W^K、W^V 后，得到 Q、K、V。

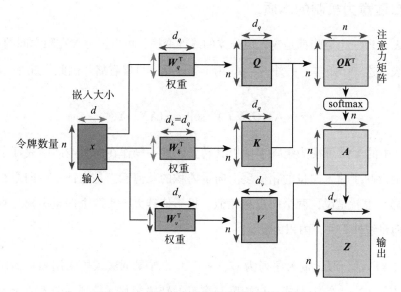

图 2.3　自注意力机制的矩阵计算过程

（图片来源：https://sebastianraschka.com/blog/2023/self-attention-from-scratch.html）

3）利用 Q 和 K 计算注意力分数矩阵（Attention Score Matrix），方法是将 Q 和 K 的转置做矩阵乘法。对这个注意力分数矩阵进行行标准化 softmax 处理，就得到每一行和为 1

的归一注意力分数矩阵 A。这个矩阵 A 的大小为 $n \times n$。最后将矩阵 A 和 V 相乘得到最后的矩阵 Z，大小为 $n \times d_v$，表示有 n 个 token，每个 token 此时都获得了一个长度为 d_v 的值。自注意力的公式可以表示为：

$$AT(Q, K, V) = \mathrm{softmax}\left(\frac{QK^{\mathrm{T}}}{\sqrt{d_k}}\right)V \qquad （2-1）$$

其中，Q、K、V 是输入矩阵 X 分别乘以三个参数矩阵后的隐状态矩阵，d_k 是 W_k 矩阵的列数。

分母中的 $\sqrt{d_k}$ 是为了缓解梯度消失问题。当 d_k 很大时，注意力分数向量的方差会很大，极大的值在 softmax 函数中可能被挤到边缘，导致回传的梯度变小。此时可以用 $\dfrac{1}{\sqrt{d_k}}$ 将方差从 d_k 缩小为 1，使得梯度更稳定。

2.2.2　自注意力机制的本质

Q、K、V 三个矩阵都是输入矩阵 X 的线性变换，可以视为 X 在隐空间的语义表示。下文用 X 表示这三个矩阵。另外，$\dfrac{1}{\sqrt{d_k}}$ 用于归一化，可以省略。因此，式 2-1 改写为：

$$AT(Q, K, V) = \mathrm{softmax}(XX^{\mathrm{T}})X \qquad （2-2）$$

式 2-2 中的 XX^{T} 可视为矩阵 X 乘以其转置，这一操作在向量空间中表征了向量间的内积，从而反映了输入向量的相似度。向量内积的几何意义是表征一个向量在另一个向量上的投影，也就是说，两个向量越相似，投影值越大，当两个向量夹角是直角时，那么这两个向量线性无关，内积为零。

如图 2.4 所示，假设输入序列为 x_1、x_2、x_3，如果词嵌入层采用独热编码，输入矩阵 X 可以表示为一个特定形式。该矩阵与自身的转置相乘，得到一个本质上是注意力权重矩阵的矩阵。

这个注意力权重矩阵体现了内积计算的含义，即衡量相似度。例如考虑第一行，这行实质上计算了 x_1 的 token 和句子中所有 token 的相似度。如果 token A 和 token B 经常一起出现，那 A 和 B 之间的相似度往往很高。在此例中，x_1 的 token 与自身、x_3 的 token 的相似度很高，表明 x_1 与这两个 token 的相似度超过 x_2。

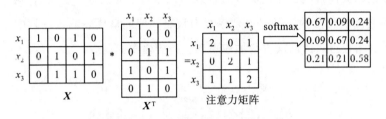

图 2.4　注意力权重矩阵

接下来，对这个结果进行 softmax 归一化，得到归一化的注意力权重矩阵。归一化后，如图 2.5 所示，此注意力矩阵成了系数矩阵，并右乘输入矩阵 X，得到结果 $\hat{X}$。这一步的操作实质上是左侧矩阵的每一行与输入矩阵 X 的每一列进行乘加运算，从而计算出输出矩阵的每一行的值。$\hat{X}$ 的每一行就对应 token 经过注意力权重加权后的词嵌入。

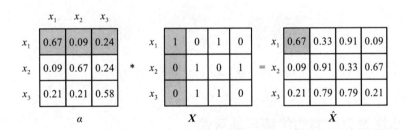

图 2.5　注意力权重加权后的词嵌入

总的来说，输入一个矩阵 X，自注意力机制会输出一个矩阵 $\hat{X}$，这个矩阵是输入元素之间的注意力权重。具体地说，这是通过计算查询向量与键向量之间的点积，以衡量两个元素之间的相似性。然后用这些注意力权重对值向量进行加权求和，得到每个输入元素的输出向量。这些输出向量可以作为下一层的输入，或与其他层一起构成整个模型的输出。

如图 2.6 所示，Q、K、V 三个矩阵都是输入矩阵 X 的线性变换，从理论上来说，这三个矩阵都不是必要的，可以用一个矩阵来实现注意力的加权。但是，采用三个矩阵进行变换得到查询、键和值向量，在注意力机制中扮演了不同的角色：查询向量代表当前元素在计算注意力权重时的"问题"，它与其他元素的键向量进行比较，以衡量当前元素对其他元素的关注程度；键向量代表输入序列中每个元素的"答案"，通过计算查询向量与键向量之间的相似性，可以得到注意力权重；值向量代表输入序列中每个元素的实际信息。注意力权重对值向量进行加权求和，得到输出向量。

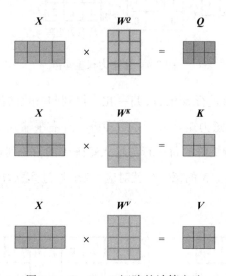

图 2.6 Q、K、V 矩阵的计算方法

2.2.3   自注意力机制的优势与局限性

自注意力机制是 Transformer 模型的核心组成部分，它计算输入序列中元素之间的注意力权重，以捕获序列中的关键信息。相比于传统的序列处理模型，如 RNN 和 LSTM，自注意力机制能直接对序列中任意两个元素间的关系进行计算，从而有效地捕捉长程依赖。此外，注意力权重的存在提供了一定的可解释性：通过观察这些权重，可以了解模型在处理某个元素时的关注焦点，这对于解析模型的工作原理以及进行模型调试和优化十分有益。同时，自注意力机制的计算过程可以高度并行化，使其在 GPU 等并行硬件上能实现高效计算，相比之下，RNN 和 LSTM 等需要按序执行的循环结构则无法充分利用并行硬件的优势。

自注意力机制也存在一些局限性，如长序列处理问题，尽管自注意力机制能捕捉长程依赖关系，但在面对极长的序列时，计算和内存开销可能会变得过大。为应对这一挑战，研究人员提出了如分层注意力、稀疏注意力和低秩注意力等优化方法，以降低计算和内存负担。自注意力机制还存在训练数据问题，自注意力模型通常需要大量训练数据以达到最佳性能，这可能限制其在小型数据集和特定领域任务中的应用。

2.3　多头注意力机制

作为自注意力机制的一种重要扩展，多头注意力机制的主要目标是让模型能够并行关注输入序列中的多种不同类型信息。通过引入多头注意力机制，模型可以学习到更丰富且多元化的表示，从而有效地提升其性能。

多头注意力机制具有捕捉多元信息的能力。通过不同的注意力头，模型可以学习并捕捉到输入序列中的不同类型信息。例如，在机器翻译任务中，一个注意力头可能专注于语法结构，而另一个注意力头可能专注于语义信息。这种设置有助于模型生成更准确且更自然的翻译结果。

此外，多头注意力机制通过增加注意力头的数量，扩大了模型的容量，使其能够处理更复杂的任务。这样可以在不增加模型层数的情况下，实现更强大的表达能力。另外，多头注意力的设计支持高度并行化的计算，因此在配置多个处理器或 GPU 的硬件环境下，多头注意力能进一步提高计算效率。

2.3.1　多头注意力机制的实现

如图 2.7 所示，为了实现多头注意力机制，需要将自注意力机制中的查询 W^Q、键 W^K 和值 W^V 矩阵进行分割，每个部分对应一个注意力头。在每个注意力头中，使用对应的子权重矩阵独立地计算自注意力。这意味着每个注意力头的查询、键和值向量都由各自独立的权重矩阵计算得出。具体来说，首先计算查询和键矩阵的点积，然后进行缩放和 softmax 激活，与值矩阵进行相乘，最后得到每个头的输出。这样，不同的注意力头可以捕获输入序列中的不同信息。

值得注意的是，注意力头不是越多越好。根据 Transformer 的原论文中的实验结果，注意力头数量为 8 时能达到最佳效果，增加到 16 或 32 时并未显著提升性能，而数量过少（如 1 或 4）可能会导致性能下降。

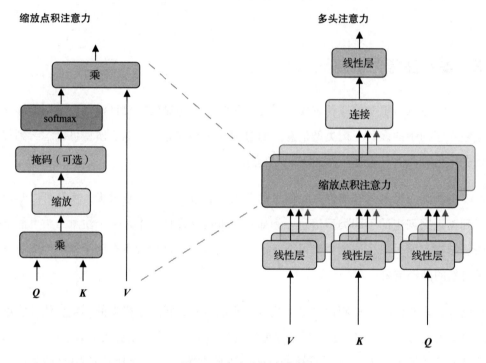

图 2.7　多头注意力机制

在计算完所有注意力头的自注意力后，需要将这些输出进行拼接，生成一个更大的输出向量。这个向量包含多个注意力头捕捉到的各种信息。如图 2.8 所示，假设采用 8 头注意力，每个头经过计算后生成一个输出向量，这 8 个向量被拼接在一起。最后，需要通过一个线性层（如图 2.8 中的 W）将拼接后的输出向量转换回原始输入维度。这个线性层的参数在所有注意力头之间共享，它的作用是将多个注意力头生成的信息进行加权融合成一个统一的表示。

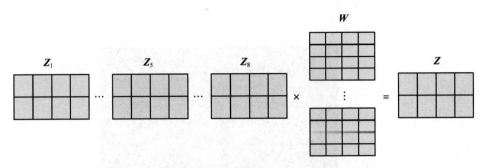

图 2.8 多头注意力加权融合

2.3.2 多头注意力机制的作用

多头注意力层的输出可以作为下一层的输入，或者与其他层一起构成 Transformer 模型的整体架构。每个注意力头能够关注到输入序列中的不同信息。Sparse Transformer 分析了不同的头在注意力机制中的功能，其中包括关注语法、关注上下文以及关注罕见词。关注语法的头能够有效抑制不合语法的词的输出；关注上下文的头负责理解句子，并关注临近的词汇；关注罕见词的头负责抓住句子重点。

图 2.9 提供了一个可视化的例子，展示了不同的头对注意力矩阵的影响。这份研究是基于 encoder 的，一共有 4 层 encoder（标记为 0 ～ 3），每层 encoder 都包括 6 个头（标记为 0 ～ 5）。在图中，每一行表示一层 encoder，每一列表示一个头。由图可见，在同一层中，部分头会表现出相同的特征（如第 2 层的头 1 ～ 4、第 3 层的头 1 ～ 4），而有些头则表现出特立独行的特点（如第 2 层的头 1、第 3 层的头 0 和 5）。

从多头注意力机制中可以看出，虽然不同头的参数都采用相同的残差梯度回传，但它们最终还是能分化出不同的特征选择方式。这可能是不同的初始化方式以及 Dropout 策略，导致最后训练出来的头有不同的特征选择功能。有研究者对初始化方式做了详细的消融测试，最后证明可以通过改变初始化方法来减小层方差，从而获得更好的训练效果。另外，也有研究者提出在多头注意力中，对不同的头采用不同的 Dropout 策略，以便让不同的头学习到不同的特征。

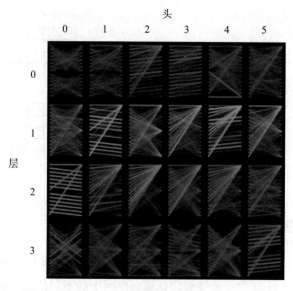

图 2.9   多头注意力的可视化

（图片来源：论文"A multiscale visualization of attention in the transformer model"）

2.3.3   多头注意力机制的优化

由于多头注意力的参数规模较大，其中每个注意力头都拥有各自的 Q、K、V 矩阵，因此存在一定的计算复杂度和内存需求。针对这一问题，研究者提出了以下优化策略：

1）局部多头注意力。局部多头注意力是一种优化策略，通过限制每个注意力头仅关注输入序列的某一局部区域，而非整个序列，从而降低计算复杂度和内存需求。这种方法在减少计算量和内存使用的同时，仍然保留了多头注意力的主要优点。

2）稀疏多头注意力。稀疏多头注意力是另一种降低计算复杂度和内存需求的方法。在这种策略下，每个注意力头只关注输入序列中的部分元素，而非所有元素。通过使用稀疏连接，可以显著地减少计算量和内存需求。

3）分层多头注意力。在分层多头注意力中，不同的注意力头被组织成多个层次。在每个层次中，注意力头关注不同的输入区域和信息类型。这种设计有助于模型捕捉更丰富的上下文信息，并在处理长序列时展示更优的性能。

2.4　前馈神经网络

前馈神经网络作为 Transformer 模型的核心组件之一，尽管在模型构成中只占据部分比例，但它对于提取输入序列中的非线性特征以及捕捉局部信息有着关键的作用。

如图 2.10 所示，前馈神经网络本质上是一个多层感知器（Multi-Layer Perceptron，MLP），它由多个层组成，每个层都含有若干神经元。在一个典型的前馈神经网络中，输入层负责接收原始数据，隐藏层处理输入数据并提取特征，输出层则负责生成最终的预测结果。这些层之间的连接是有向且无环的，这意味着信息在网络中是单向传播的。

在 Transformer 模型中，前馈神经网络主要由两个线性层和一个非线性激活函数构成。这种设计使得网络能够学习到输入序列中的非线性特征，从而提升模型的表达能力。具体来说，第一个线性层（也被称为全连接层）将输入数据映射到一个更高维度的空间，第二个线性层（也被称为输出层）则将高维表示映射回原始维度。这两个线性层之间的激活函数引入了非线性，使得前馈神经网络能够捕捉复杂的数据模式。

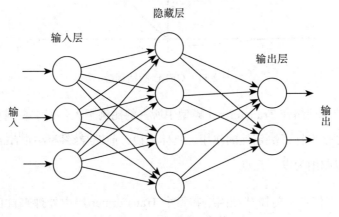

图 2.10　前馈神经网络

激活函数在前馈神经网络中起着引入非线性元素的作用，它将线性变换的输出转换为非线性表示。激活函数的选择对网络的性能有显著影响。常见的激活函数包括 Sigmoid、tanh、ReLU（Rectified Linear Unit）等。在 Transformer 模型中，通常采用的激活函数为 GELU（Gaussian Error Linear Unit），其公式如下：

$$\text{GELU}(x) = 0.5x(1 + \tanh(\sqrt{2/\pi}(x + 0.044\,715x^3)))\tag{2-3}$$

如图 2.11 所示，GELU 激活函数在输入值接近 0 时接近线性。这种特性使得 GELU 在训练深度神经网络时表现出优异的性能，能够有效地缓解梯度消失的问题。

前馈神经网络的每个连接都有一个权重值，这个权重值表示输入信号在传递到下一层时的强度。权重值会通过训练过程中的梯度下降算法进行调整，以最小化网络的预测误差。此外，每个神经元还有一个偏置值，这是一种调整神经元激活灵敏度的手段，这个值在网络训练过程中同样会进行调整。

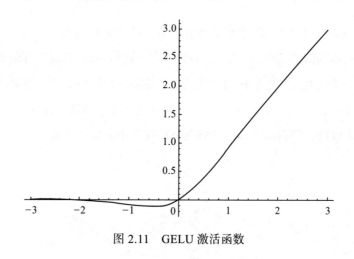

图 2.11　GELU 激活函数

尽管前馈神经网络在 Transformer 模型中所占的比例不大，但它在捕捉局部信息和提取非线性特征方面发挥了决定性的作用。具体来说，前馈神经网络在 Transformer 模型中的主要作用可以归纳为以下几点：

1）提取局部信息。前馈神经网络在每个 Transformer 层中处理来自自注意力机制的输出，负责提取局部特征。这使得模型能够学习到输入序列中的短程依赖关系，从而增强模型的表达能力。

2）引入非线性。前馈神经网络包含非线性激活函数，这使其能够捕捉到输入数据中的非线性特征。这一点对于处理复杂的自然语言序列尤为重要，因为语言中的许多模式和结构都具有非线性特性。

3）增强模型泛化能力。通过提取局部特征和捕捉非线性特征，前馈神经网络有助于模型在面对新的、未曾见过的数据时展现出更好的泛化能力。

2.5 残差连接

残差连接（Residual Connection）是一种短路连接方式，能够将网络某一层的输入直接传递到后续层，有助于缓解梯度消失问题，提高训练效率和模型性能。残差连接最早在 2015 年由 Kaiming He 等在深度残差网络（ResNet）中首次提出，其目标是解决深度神经网络训练中出现的梯度消失和梯度爆炸问题。在 Transformer 模型中，残差连接被广泛应用于多头注意力机制、位置前馈神经网络以及解码器的各个子层。

如图 2.12 所示，残差连接的基本思想是在神经网络的某一层引入一个短路连接（即跳过某些层），这样可以将前一层的信息直接传递到后面的层。从数学角度来说，假设某一层的输入为 x，经过一个非线性变换 $F(x)$，得到输出 $F(x)+x$。这里，x 代表输入信号，$F(x)$ 代表神经网络中某层的变换。将输入 x 与 $F(x)$ 相加，实际上得到的是原始输入信号与该层学习到的残差之和。这种连接方式在反向传播过程中有助于梯度的更好传递，能有效缓解梯度消失问题，从而提升训练效果。

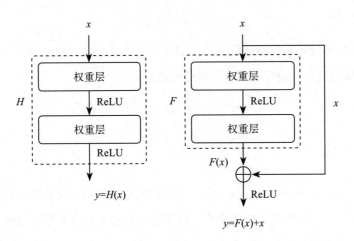

图 2.12 残差连接

在 Transformer 模型中，残差连接被广泛应用于各个模块，以加速训练过程并提高模型性能，在多头注意力子层中，输入经过自注意力计算后，其输出与原始输入相加，形成残差连接。这种机制使得模型能够保留输入信息，并将自注意力计算得到的新信息与原始输入相结合。

在前馈神经网络子层中，输入首先经过两个线性变换层和一个激活函数。然后，这个输出与原始输入相加，形成残差连接。这有助于保留输入信息，并将前馈神经网络学到的新信息与原始输入相结合。

在 Transformer 模型的编码器和解码器中，每一层都包含一个或多个含有残差连接的子层，这有助于信息在深层网络中的传播，进而提升模型性能。

总之，Transformer 模型中的多头注意力机制、前馈神经网络、编码器层以及解码器层都采用了残差连接。

1）残差连接可以缓解梯度消失和梯度爆炸问题。残差连接提供了一条捷径，使梯度可以直接传播到较低层，这有助于缓解训练深度模型时出现的梯度消失和梯度爆炸问题，从而提高模型性能。

2）残差连接可以加速训练过程。残差连接可以避免在训练过程中的冗余计算，从而加速整个训练过程。

3）残差连接可以提高模型泛化能力。通过引入残差连接，神经网络可以学习到更加复杂的表示，从而提高模型在测试集上的泛化能力。

2.6 层归一化

层归一化（Layer Normalization）是一种被证明有效的归一化策略，其主要目标是稳定神经网络的训练过程并优化模型性能。这项技术由 Jimmy Ba 等于 2016 年首次提出，并在 Transformer 模型中得到了广泛应用。层归一化的主要机制是对每一层的神经元输出进行归一化处理，使得它们有相同的均值和方差。

对于每一层神经元的输出，层归一化首先计算所有神经元的平均值和标准差。然后，每个神经元的输出减去平均值并除以标准差，从而得到归一化的输出。这一过程可以由下述公式表示：

$$y_i = \frac{x_i - \mu}{\sqrt{\sigma^2 + \varepsilon}} \tag{2-4}$$

其中，x_i 是第 i 个神经元的输出，μ 和 σ^2 是神经元输出的均值和方差，而 ε 是一个微小的正数，用以保证数值稳定性。经过归一化后的输出 y_i 具有零均值和单位方差，这有助于加速神经网络的训练并优化模型性能。

在 Transformer 模型中，层归一化通过对神经元的输出进行归一化处理，可以加速梯度下降的收敛，从而提升训练效率，减少不同层之间的协方差偏移，提高模型性能，使训练过程更加稳定，避免梯度爆炸和梯度消失的问题，降低模型对输入数据分布的敏感性，从而提升模型在新数据上的表现。

在 Transformer 模型中，层归一化被广泛应用于如下几个方面。

1）多头注意力机制。在多头注意力机制中，层归一化被应用在注意力得分的计算过程中，有助于提高注意力机制的性能。

2）前馈神经网络：在前馈神经网络中，层归一化被应用于神经元的输出归一化过程，有助于加速训练并提高模型性能。

3）编码器 – 解码器结构。在 Transformer 模型的编码器和解码器中，层归一化被应用于每个子层的输出以及编码器和解码器的最终输出。这种策略有助于稳定整个模型的训练过程，并提升模型的泛化能力。

4）残差连接。在残差连接中，层归一化与加法操作一同使用，以保证加法操作之后的输出具有相同的均值和方差。这一策略进一步提升了模型的性能，并加速了训练过程。

2.7　位置编码

位置编码的工作方式如图 2.13 所示，它赋予模型处理序列中词汇位置信息的能力。由于自注意力机制并无法捕捉序列中词汇位置的信息，因此位置编码在捕捉序列的顺序关系上发挥了关键作用。

2.7.1　位置编码的设计与实现

自注意力机制通过矩阵乘法计算查询、键和值以获取词汇之间的关系，但此过程并未涉及词汇在序列中的位置，然而这一信息对于处理语言等有序数据至关重要。因此，需要一种方式来表示输入序列中每个词汇的位置，并将这些信息与原始词汇表示相结合，这就是位置编码的主要目标。

Transformer 模型中的位置编码通过固定的正弦函数（见图 2.13）和余弦函数来生成。对于给定的位置 p 和维度 i，位置编码函数定义如下：

$$\mathrm{PE}_{(p,2i)} = \sin(p / 10000^{2i/d_{\mathrm{model}}}) \tag{2-5}$$

$$\mathrm{PE}_{(p,2i+1)} = \cos(p / 10000^{2i/d_{\mathrm{model}}}) \tag{2-6}$$

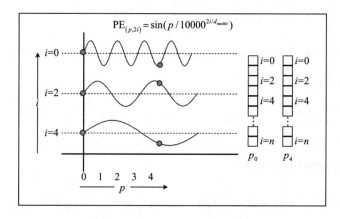

图 2.13　位置编码的工作方式

其中，d_{model} 代表词嵌入的维度。此设计具有以下优势：

- ❑ 生成的位置编码在不同的位置和维度上有不同的频率，有助于模型捕获位置之间的复杂关系。
- ❑ 正弦和余弦函数的周期性使模型能够处理训练数据中未出现的更长的序列。
- ❑ 位置编码是可学习的，这意味着模型可以根据任务需求调整位置信息的权重。

在实施位置编码时，首先根据上述公式为每个位置生成一个 d_{model} 维度的向量，然后将这些位置向量与输入序列的词嵌入进行相加，得到包含位置信息的词汇表示。这些表示将传递给后续的多头注意力机制和前馈神经网络层。

假设有一个序列长度为 4 的句子，如"我爱中国"，每个汉字用一个 2 维向量表示，这就需要一个 4×2 的位置编码矩阵。

可以计算出 4×2 的位置编码矩阵如下：

$$PE(0,0) = \sin(0 / 10000^\wedge(0 / 2)) = \sin(0) = 0$$
$$PE(0,1) = \cos(0 / 10000^\wedge(0 / 2)) = \cos(0) = 1$$
$$PE(1,0) = \sin(1 / 10000^\wedge(0 / 2)) = \sin(1) \approx 0.84$$
$$PE(1,1) = \cos(1 / 10000^\wedge(0 / 2)) = \cos(1) \approx 0.54$$
$$PE(2,0) = \sin(2 / 10000^\wedge(0 / 2)) = \sin(2) \approx 0.91$$
$$PE(2,1) = \cos(2 / 10000^\wedge(0 / 2)) = \cos(2) \approx -0.42$$
$$PE(3,0) = \sin(3 / 10000^\wedge(0 / 2)) = \sin(3) \approx 0.14$$
$$PE(3,1) = \cos(3 / 10000^\wedge(0 / 2)) = \cos(3) \approx -0.99$$

将这些值组合成位置编码矩阵如下：

$$\begin{bmatrix} 0 & 1 \\ 0.84 & 0.54 \\ 0.91 & -0.42 \\ 0.14 & -0.99 \end{bmatrix}$$

现在，可以将这个位置编码矩阵加到原始词汇向量上，使模型能够获取位置信息。图 2.14 展示了如何计算位置编码矩阵并将其应用于序列数据。需要注意的是，这只是一个简化的例子，在实际应用中，d_{model} 的值通常会更大，如 512。

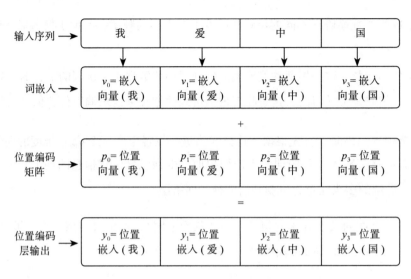

图 2.14　位置编码工作流程

2.7.2　位置编码的变体

虽然 Transformer 的原始设计依赖于通过固定的正弦和余弦函数生成位置编码，但研究人员已经探索并提出了其他方法来表述位置信息。这些方法具体如下：

1）学习位置编码。在这个策略中，位置编码被初始化为随机值，然后在训练过程中通过梯度下降进行优化。这种策略允许模型根据特定任务的需求，自适应地调整位置表征。

2）相对位置编码。相对位置编码主要关注序列中词汇间的相对位置，而非其在序列中的绝对位置。这种策略可以帮助模型学习更通用的位置模式，从而能更好地泛化到不同长度的序列。相对位置编码可以通过修改自注意力机制的计算过程来实现，从而同时考虑查询和键之间的相对距离。

3）组合位置编码。组合位置编码结合了多种位置表征方法，包括固定的正弦/余弦位置编码、学习位置编码，以及相对位置编码等。这种策略允许模型从不同的位置信息来源中提取有益的知识，从而提升预测性能。

2.7.3　位置编码的优势与局限性

位置编码是一种增强神经网络处理序列数据能力的有效手段，其关键在于通过特定方式提供单词在序列中的位置信息，使模型能够识别并利用词序关系，从而提升自然语言等序列数据的处理效果。借助正弦和余弦函数的周期性特性，位置编码能以较高效率处理长序列，实现对超出训练集长度的序列的合理泛化。此外，模型可根据任务需求，通过学习调整对位置信息的权重，增强模型的自适应能力。

然而，值得注意的是，对于一些非序列依赖的任务，引入位置编码可能会增加不必要的计算复杂度。此外，固定的正弦和余弦位置编码可能无法捕捉到序列中的一些复杂位置模式，尤其是在序列的局部结构方面。当序列长度超过模型在训练时处理的最大长度时，模型可能无法有效地推广位置编码。在这种情况下，相对位置编码或其他可扩展的位置编码方法可能是更优的选择。

2.8　训练与优化

Transformer 模型的训练和优化涉及多种方法，包括损失函数的选择、优化器的使用、学习率调整策略的设定，以及正则化技术的应用。本节深入讨论如何训练Transformer 模型以及在训练过程中采用的优化策略。

2.8.1　损失函数

训练过程的核心是定义一个能够衡量模型预测与真实标签之间差距的损失函数。在Transformer 模型中，交叉熵损失函数常被采用。该函数通过比较模型的输出概率分布与真实标签的概率分布，计算出损失值。训练过程的目标是使得这个损失值最小化。

交叉熵损失函数是用于衡量两个概率分布之间差异的一种方法。在 Transformer 模型中，模型的输出层使用 softmax 函数将得分转换为概率分布，然后采用交叉熵损失函数来衡量预测分布与实际分布之间的差距。交叉熵损失函数在分类问题中广泛应用，因

为它可以直接衡量模型预测的概率分布与实际标签的概率分布之间的差异。其计算公式
如下：

$$H(p,q) = -\sum_{i=1}^{n} p(x_i)\log(q(x_i)) \qquad （2\text{-}7）$$

其中，p 表示实际概率分布，q 表示模型预测的概率分布。交叉熵损失函数的优势在于它
能够直接反映模型预测与实际标签之间的差距。然而，它的缺点在于对于概率较低的类
别可能不够敏感。

除了交叉熵损失函数，根据不同的任务特性，可以选择其他适当的损失函数。例如，
在回归任务中，可以使用均方误差损失（MSE）或平均绝对误差损失（MAE）；在生成任
务中，可以使用负对数似然损失（NLL）或 KL 散度等。

2.8.2　优化器

为了最小化损失函数，需要选择一个适合的优化器来更新模型参数。在 Transformer
模型中，Adam（Adaptive Moment Estimation）优化器是常见的选择。Adam 优化器是一
种自适应学习率优化方法，它结合了梯度的一阶矩估计（梯度的指数加权平均）和二阶矩
估计（平方梯度的指数加权平均），可以在训练过程中自动调整学习率，适应不同阶段的
优化。Adam 的优点包括快速收敛、计算效率高以及对超参数选择较为鲁棒。然而，它的
缺点是在某些情况下可能导致泛化性能较差。

除了 Adam，还有其他优化器可供选择，如随机梯度下降（SGD）、AdaGrad、RMSprop
等。SGD 是最基本的优化器，但在某些情况下可能收敛较慢。AdaGrad 和 RMSprop 分别
是针对学习率的一阶矩和二阶矩的自适应优化方法，它们可以在训练过程中自动调整学
习率。然而，在长期训练过程中，这两种优化器可能导致学习率过早衰减。每种优化器
都有其优缺点，需要根据具体任务和数据集来选择合适的优化器。

2.8.3　学习率调整策略

在 Transformer 的原始论文中，作者提出了一种特殊的学习率调整策略，称为

"Noam 学习率调度"。Noam 学习率调度策略在训练初期使学习率线性增大，然后逐渐衰减。这种策略有助于模型在训练初期更快地收敛，同时在后期防止过拟合。具体来说，学习率调整策略可以表示为：

$$\mathrm{lr} = d_{\mathrm{model}}^{-0.5} \cdot \min\{\mathrm{step\_num}^{-0.5}, \mathrm{step\_num} \cdot \mathrm{warmup\_steps}^{-1.5}\} \tag{2-8}$$

其中，d_{model} 表示模型的维度，$\mathrm{step\_num}$ 表示当前的训练步数，$\mathrm{warmup\_steps}$ 表示预热步数。

Noam 学习率调度策略的优点是能够平衡模型的收敛速度和稳定性，但可能需要对预热步数和其他超参数进行调整。

除了 Noam 学习率调度，还有其他学习率调整策略可供选择，如指数衰减、余弦退火、分段恒定学习率等。指数衰减策略是一种简单且常用的学习率调整策略，它按照预设的衰减率将学习率逐步减小。余弦退火策略则根据余弦函数的周期性特性来调整学习率，使其在训练过程中先降低后升高。分段恒定学习率策略将训练过程划分为多个阶段，每个阶段使用固定的学习率。这些策略各有优缺点，需要根据具体任务和数据集进行选择。

2.8.4 正则化

为了防止模型过拟合，可以在训练过程中采用各种正则化策略。在 Transformer 模型中，权重衰减（也称为 L2 正则化）、Dropout 和层归一化是常用的正则化策略。

权重衰减通过将参数的 L2 范数加入损失函数，以防止参数过大，进而提升模型的泛化能力。然而，这种方法可能导致对某些参数的过度惩罚。

Dropout 是一种在训练过程中随机将部分神经元设为无效的技术，能有效防止模型对特定训练样本的过度拟合，从而提高泛化能力，如图 2.15 所示。然而，Dropout 可能会降低模型的收敛速度。

层归一化是一种规范化神经网络层内部激活的方法，它对每一层的激活值进行规范化，有助于加速训练过程，提高模型的泛化能力。但是，对于某些任务，层归一化可能带来负面影响。

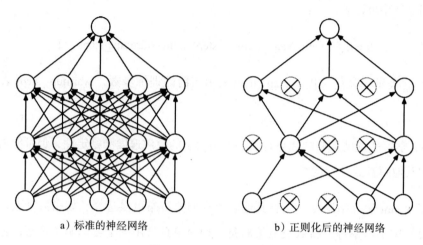

a）标准的神经网络　　　　　　　　b）正则化后的神经网络

图 2.15　Dropout 正则化

除此之外，还存在其他的正则化策略，如 L1 正则化、数据增强和早停等。L1 正则化通过将参数的 L1 范数加入损失函数，可以产生稀疏参数矩阵，但可能对某些参数进行过度惩罚。数据增强通过对训练数据进行各种变换以扩大数据集，从而提高模型的泛化能力，但可能会增加训练时间。早停是在验证集损失不再显著降低时提前结束训练，以防止过拟合，但可能导致模型欠拟合。

2.8.5　其他训练与优化技巧

Transformer 模型的训练和优化中涵盖了一系列其他的技巧，包括学习率预热、梯度裁剪、权重初始化、Dropout、标签平滑、梯度累积，混合精度训练等，接下来将详细解释这些技巧的作用和应用方法。

学习率预热（Learning Rate Warmup）策略在训练初期实施较低的学习率，之后逐步升高至预设的最大值，此做法有助于避免训练初期因参数更新过大而导致的不稳定性。在 Transformer 模型中，常规做法是采用线性预热策略，也就是学习率从 0 线性增长至预设的最大值，然后按照特定的调整策略（如逆平方根衰减）进行降低，如图 2.16 所示。

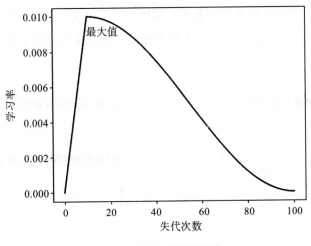

图 2.16　学习率预热策略

梯度裁剪（Gradient Clipping）用于避免梯度爆炸的问题。在神经网络训练过程中，梯度爆炸可能引起权重更新过大，从而使得模型在优化过程中变得不稳定。设定梯度的最大阈值，可以防止过大的参数更新。当梯度的范数超过阈值时，梯度将被缩放，使其范数等于该阈值。

在神经网络训练中，权重初始化对训练速度和模型性能有着显著影响。在 Transformer 模型中，通常会采用均匀分布或正态分布的随机初始化方法，如 Glorot 初始化（也称为 Xavier 初始化）或 He 初始化。

Dropout 是一种有效的正则化策略，通过在训练过程中随机关闭部分神经元来防止过拟合现象，Transformer 模型通常在多头注意力层和前馈神经网络层后施加 Dropout。

标签平滑（Label Smoothing）是一种防止过拟合的软标签策略，它通过将真实标签值与一定的噪声混合，有助于提高模型的泛化性能。

梯度累积在更新模型参数前先累积多个批次的梯度，这种做法有效地模拟了大批次的训练，有助于提升模型的稳定性和收敛速度，同时不会显著增加显存占用。

混合精度训练（Mixed Precision Training）是一种在训练过程中同时使用单精度（float32）和半精度（float16）计算的方法，能够降低显存占用和计算需求，从而加速训练过程。在如图 2.17 所示的对比实验中，使用相同的超参数，仅数据类型不同（float32 或混合精度），其训练损失曲线（左图）几乎相同，但混合精度模型的训练速度明显更快（右图）。

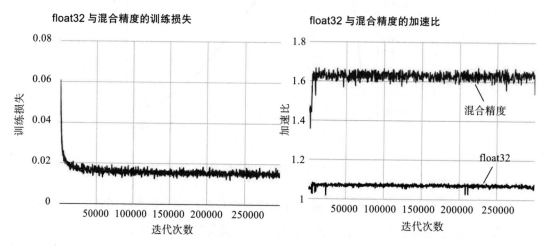

图 2.17　float32 与混合精度训练损失对比及加速比

这些技巧在 Transformer 模型的训练和优化中都起到了关键作用。根据任务和数据集的特性，合理选择和调整这些技巧，能够有效提升模型的训练效果和性能。

2.9　小结

本章详细介绍了 Transformer 模型及其关键组成部分的基本原理和应用。本章首先简要介绍了 Transformer 模型，然后逐一深入剖析了每个核心组件，重点介绍了自注意力机制，包括基本原理、优势和局限性。此外，还详细阐述了多头注意力的动机、实现细节、实际应用，以及优化与变体。

后续章节，将结合大语言模型的发展，深入探讨在不同 GPT 版本中 Transformer 模型的改进，并讨论其在自然语言处理任务、生成模型、强化学习等领域的应用。

第 3 章

生成式预训练

生成式预训练（Generative Pre-Training，GPT）是 NLP 领域中的一种关键技术，它也构成了 GPT 模型系列的基础。该技术的中心思想在于对大规模文本数据进行预训练，从而学习语言模型的生成概率分布，再将这些预训练的模型应用于多种下游任务。本章将深入探讨生成式预训练的原理与方法，以便读者更全面地理解 GPT 模型的技术细节。

3.1　生成式预训练简介

预训练技术在许多计算机视觉和自然语言处理任务中已经被证实具有显著的有效性，其基本理念在于利用大量无标注数据进行学习，以便揭示底层数据的潜在结构。

生成式预训练的目标是学习一个语言模型，其关键在于学习一个生成概率分布，即在给定一段上下文序列（例如单词、短语或句子）的情况下，预测下一个单词的概率分布。为了实现这一目标，需要用到一个神经网络模型来表示这种生成概率分布。GPT 选择了基于自注意力机制的 Transformer 模型，以便捕捉文本序列中的长程依赖关系。

如图 3.1 所示，GPT 的核心组件是一个多层的 Transformer 解码器，每一层都由掩码多头注意力子层和前馈神经网络子层组成。掩码自注意力机制是自注意力机制的一种变形，不但可以捕捉输入序列中不同位置之间的依赖关系，而且可以确保模型在预训练过程中只能访问上文信息；前馈神经网络则负责在每个位置上进行非线性变换。

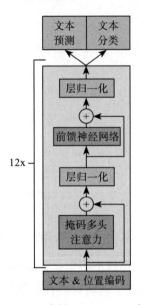

图 3.1　GPT-1 中的 Transformer 解码器

（图片来源：论文"Improving language understanding by generative pre-training"）

在训练过程中，GPT 可以通过最小化交叉熵损失来最大化训练数据上的似然，也就是最大化模型生成正确单词的概率。同时，模型还需要优化交叉熵损失以提高生成概率分布的准确性。常用的优化算法包括随机梯度下降（SGD）及其变体，如 Adam、Adagrad 等。学习率调整策略和正则化方法对模型性能有很大影响。通常，可以采用预热学习率和逐步衰减的方法来调整学习率，以提高训练的稳定性。

3.2　GPT 的模型架构

GPT 的基础是 Transformer 模型的解码器架构，其自注意力机制能够有效捕捉长程依赖关系并提升并行计算能力。GPT-1 的模型架构如图 3.2 所示。

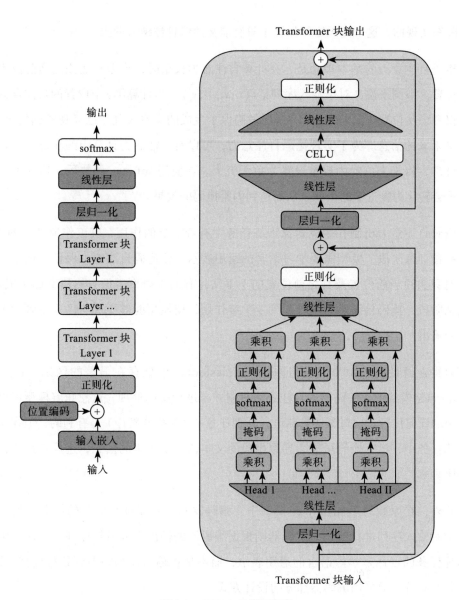

图 3.2　GPT-1 的模型架构

（图片来源：https://www.wikiwand.com/zh-hans/OpenAI）

　　为了确保模型在生成文本时仅依赖于已经观察到的上下文，而不依赖于未来的信息，GPT 模型采用了一种被称为掩码自注意力的机制。具体来说，计算自注意力得分时，模型会排除在当前位置之后的输入序列中的词汇。这是通过在自注意力计算中引入一个掩码矩阵来实现的，这个掩码矩阵保证了只有前文的信息被纳入考虑。

掩码自注意力的基本理念是，在计算自注意力权重时，模型只能关注当前位置及前面的位置。举例来说，对于输入序列 $x = (x_1, x_2, \cdots, x_n)$，当计算第 i 个位置的自注意力权重时，仅考虑从位置 1 到 i 的元素。这样做确保了生成的文本仅基于已经观察到的上下文，而不是未来的信息。为了实现掩码自注意力，可以对自注意力计算中的注意力矩阵进行掩码处理，将未来位置的权重设置为负无穷大。在应用 softmax 函数后，这些负无穷大的权重会转化为接近零的概率，从而达到因果掩码的效果。

掩码自注意力机制在生成式预训练任务中有着重要的作用，其工作原理如图 3.3 所示。在预训练阶段，模型需要学习语言的通用表示，而掩码自注意力保证了模型在生成文本时只关注当前位置及其之前位置的上下文，有助于模型遵循自然语言的生成规律。在微调阶段，掩码自注意力同样起到了关键作用，使模型能够生成与已观察到的上下文相关的输出。

值得注意的是，GPT 模型与原始的 Transformer 模型存在显著的区别。在原始的 Transformer 模型中，编码器的自注意力机制并未进行掩码处理，这意味着模型可以关注序列中的任何位置。这对某些自然语言处理任务（例如机器翻译）是有利的，但在生成式预训练任务中，没有掩码可能会导致生成的文本依赖于未来的信息，违反自然语言的生成规律。

此外，在原始的 Transformer 模型中，编码器和解码器都是必需的部分，其中编码器负责对输入序列进行编码，解码器则根据编码器的输出生成目标序列。然而，生成式预训练任务的目标是学习语言的通用表示，而不是将输入序列映射到目标序列。因此，GPT 模型选择了只采用解码器部分的设计方式。

3.3　生成式预训练过程

生成式预训练是一种基于大量无标签文本数据的预训练方法，旨在学习生成概率

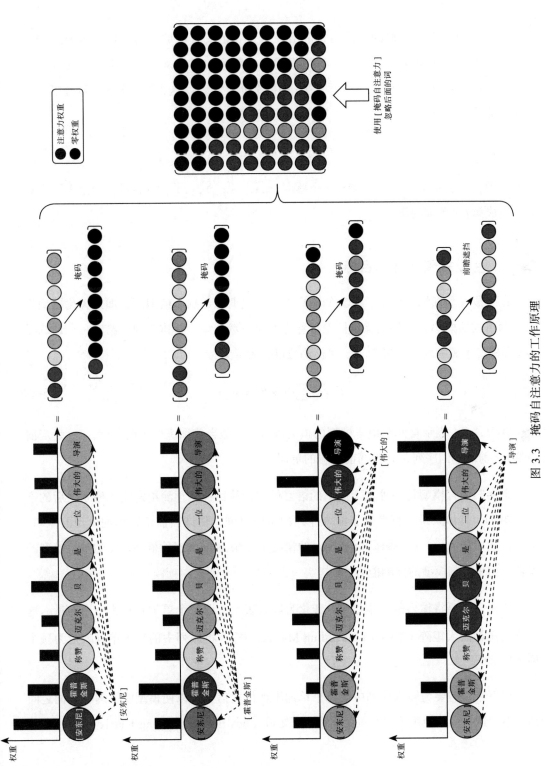

图 3.3　掩码自注意力的工作原理

（图片来源：https://data-science-blog.com/blog/tag/engineer/）

分布，从而捕捉文本数据的底层结构和潜在语义。生成式预训练的目标是学习一个语言模型，该模型能够生成类似于训练数据的文本序列。具体来说，给定一个文本序列 $x = (x_1, x_2, \cdots, x_t)$，模型需要学习整个序列 x 的概率分布 $P(x)$。这个概率分布可以分解为条件概率的乘积，即

$$P(x) = \prod (P(x_t \mid C)) \qquad\qquad (3\text{-}1)$$

其中，C 表示上下文，即前 $t-1$ 个单词 $(x_1, x_2, \cdots, x_{t-1})$，$P(x_t \mid C)$ 表示在给定上下文 C 时，生成第 t 个单词的概率。

3.3.1 生成式预训练的目标

在生成式预训练过程中，模型的目标是最大化训练数据上的似然，即最大化模型生成正确单词的概率。这种训练目标也被称为最大似然估计。具体来说，给定一个训练样本 x 和模型生成的概率分布 $P(x)$，目标函数可以表示为：

$$\mathcal{L}_{\mathrm{LM}} = \sum_{i=1}^{} T \log P_{\theta}(w_i \mid w_{<i}) \qquad\qquad (3\text{-}2)$$

其中，$\mathcal{L}_{\mathrm{LM}}$ 表示自回归语言模型的损失函数，T 是当前训练样本的长度，$w_{<i}$ 是当前位置 i 之前的单词序列，w_i 是当前位置的单词。

自回归语言模型是一种基于概率的语言模型，其目标是预测给定输入序列之后的下一个单词。具体来说，模型基于输入序列的历史单词，估计当前位置单词出现的概率。因此，式中的 $P_{\theta}(w_i \mid w_{<i})$ 表示在给定 $w_{<i}$ 的情况下，预测 w_i 出现的概率。参数 θ 是模型的参数，用来控制模型的预测能力。

首先，需要将输入的文本序列 u 转化为嵌入表示，即每个单词转化为一个向量。这一步使用词嵌入矩阵（Token Embedding Matrix）W_e，将序列中的每个单词映射为一个固定维度的向量。

接下来，需要为输入序列中的每个单词添加位置信息，以便模型能够理解单词之间的关系。这一步骤使用了一个位置信息嵌入矩阵（position embedding matrix）W_p，它将

位置信息映射为一个向量,与词嵌入矩阵 $\boldsymbol{W}_e$ 相加后即可得到输入序列的嵌入表示 $\boldsymbol{h}_0$。

然后,$\boldsymbol{h}_0$ 被输入到多个堆叠的 Transformer 层(Transformer block)中,每个堆叠层都由多个自注意力和前馈层组成。在这个过程中,第 i 层 Transformer 堆叠层的输出 $\boldsymbol{h}_i$ 可以表示为:

$$h_i = \text{transformer\_block}(h_{i-1}), \forall i \in [1, n] \qquad (3\text{-}3)$$

其中,n 是 Transformer 堆叠层的总层数。

设最后一个 Transformer 堆叠层的输出向量为 $\boldsymbol{h}_n$,词表中每个单词的嵌入向量组成的矩阵为 $\boldsymbol{W}_e$,则预测下一个单词为 u 的概率可以通过下式计算:

$$P(u) = \text{softmax}(h_n W_e^T) \qquad (3\text{-}4)$$

其中,softmax 表示将向量归一化为概率分布。在选择下一个单词时,需要将 $P(u)$ 与词表中每个单词的嵌入向量进行点乘,然后选择点乘结果最大的单词作为预测的下一个单词。

GPT-1 模型的训练目标是最小化负对数似然,这相当于最小化模型在给定前文的情况下预测下一个单词的误差。为了实现这个目标,模型会优化 Transformer 模型中的参数,以及对词嵌入向量进行调整。在每次前向传递和反向传播过程中,模型会计算损失函数并使用反向传播算法更新模型的参数以最小化损失函数。因此,可以说在非监督预训练过程中,GPT-1 模型会持续优化模型参数和调整单词的嵌入表示。

3.3.2 生成式预训练的误差反向传播过程

GPT 系列都采用了基于数据压缩的可逆分词(Reversible Tokenization)方法(参见 4.2.3 节),为了说明生成式预训练的误差反向传播过程,此处简化词的初始嵌入表示。假定模型将输入文本序列的 one-hot 编码与词嵌入矩阵 $\boldsymbol{W}$ 相乘,以得到初始的嵌入表示,将其标记为 $\boldsymbol{W}_e$,即

$$W_e = X * W \qquad (3\text{-}5)$$

其中，X 表示输入文本序列的 one-hot 编码矩阵，而 W 则是词嵌入矩阵。然后，模型将在每个 Transformer 堆叠层中对输入的嵌入表示进行多头注意力机制、残差连接和层归一化等操作，以生成上下文嵌入表示 h_i，即

$$h_i = transformer\_block(h_{i-1}), \forall i \in [1, n] \qquad (3\text{-}6)$$

最后，模型会将最后一个 Transformer 堆叠层的输出乘以权重矩阵，并通过 softmax 函数生成下一个单词的预测概率分布。

计算损失函数时，模型将实际下一个单词的 one-hot 编码与预测概率分布进行比较，以得到损失值。这个损失值会通过反向传播算法传递回每一个 Transformer 堆叠层，从而更新每个单词的嵌入表示。

针对某个单词的嵌入表示向量 v，其在反向传播过程中的梯度计算可以表示为：

$$\frac{\partial L}{\partial v} = \frac{\partial L}{\partial P} * W \qquad (3\text{-}7)$$

其中，L 表示模型的损失函数，P 表示模型预测的下一个单词的概率分布，而 W 是嵌入矩阵。依据梯度下降法，模型使用这个梯度来更新 v 的值，从而提高后续预测的精度。训练完成后，这些更新后的单词嵌入向量会作为模型的初始嵌入表示，用于后续任务。

在生成式预训练过程中，学习率调整策略以及正则化方法对模型性能产生了显著的影响。一般来说，预热学习率以及逐步衰减的策略被引入以优化学习率，目的是提高训练的稳定性。同时，为了避免过拟合现象，一些技术如 Dropout 和权重衰减（如 L2 正则化）被应用以限制模型的复杂性。

预训练完成后，GPT 模型可用于多种 NLP 任务，为了适应这些特定任务，模型需要进行有监督微调。在微调阶段，模型使用具体任务的标注数据进行训练，从而学习任务相关的知识。这个过程可视为迁移学习，因为模型能够利用预训练阶段获取的丰富语言知识，提升在下游任务上的性能。

总之，生成式预训练是一种在大量无标注文本数据上进行无监督学习的语言模型方

法。GPT 模型采用了基于自注意力机制的 Transformer 模型，在预训练过程中使用因果掩码机制进行自注意力计算，以确保模型仅能访问上文信息。预训练完成后，模型可以进行有监督微调，以适应各种 NLP 任务。生成式预训练方法在许多 NLP 任务中取得了显著的性能提升，显示此方法具有巨大的潜力。

3.4 有监督微调

生成式预训练赋予了 GPT 模型基础的语法结构和词汇知识的理解能力。在接下来的有监督微调阶段，通过使用特定任务的标注数据，模型参数得到进一步的优化调整，以执行特定的 NLP 任务，如情感分析、文本分类、问答等。

3.4.1 有监督微调的原理

为了详细描述有监督微调的过程，引入两个新的公式。首先，假定有一个特定任务的训练样本 (x, y)，其中 x 代表输入序列，y 代表与任务相关的标签。有监督微调阶段的目标就是最小化以下损失函数：

$$L'(\theta) = -E[\log P(y \mid x; \theta)] \tag{3-8}$$

其中，θ 表示模型参数，E 表示期望值，$P(y \mid x; \theta)$ 表示在给定输入序列 x 和模型参数 θ 的条件下，生成标签 y 的概率。这一损失函数与 3.3.1 节中的损失函数（式 3-2）相似，但其关注的是任务相关标签的生成概率，而非单词的生成概率。

为了微调模型以适应特定任务，设定以下优化目标：

$$\theta^* = \operatorname{argmin}\theta \sum L'(\theta) + \lambda R(\theta) \tag{3-9}$$

其中，θ^* 表示经微调后的模型参数，$L'(\theta)$ 表示针对任务相关数据的损失函数，λ 表示正则化系数，$R(\theta)$ 表示正则化项，一般取为模型参数的 L2 范数。这一优化目标旨在通过正则化项防止过拟合，同时最小化任务相关数据的损失。

3.4.2　有监督微调的特定任务

在生成式预训练阶段，GPT 模型致力于掌握自然语言的各个方面，以便能够生成与输入序列相似的文本。预训练阶段的 GPT 模型实质上是一个通用语言模型，能够获取包括词汇、语法和语义在内的全面信息。而在有监督微调阶段，模型使用标注的训练数据进行学习，以便掌握与任务相关的知识。

具体来说，预训练阶段学习的表示已经捕获了输入数据的底层结构。因此，在微调阶段，可以利用这些表示来更好地学习任务相关的特征。然而，针对特定的 NLP 任务，需要对输入序列进行恰当的转换，使模型能够聚焦于任务相关的信息。这些转换被称为任务特定输入转换（Task-specific Input Transformation）。

任务特定输入转换的主要目标是适配特定任务格式的输入序列。这通常涉及在序列中插入特殊的标记，以强调任务相关的信息。例如，在问答任务中，需要将问题和上下文文本融入一个输入序列中，以便模型生成相应的答案。为实现这个目标，可以在问题和上下文之间插入一个特殊的分隔符（如"[SEP]"）。这样的转换方式有助于模型更精确地理解输入序列的结构，并据此生成更精确的预测。

GPT 模型应用于特定 NLP 任务的流程如图 3.4 所示。这一流程可以分为两个主要阶段：一是无监督预训练阶段（左侧），在这一阶段，模型通过生成式预训练来学习语言模型；二是有监督微调阶段（右侧），在这一阶段，模型针对具体的 NLP 任务进行微调。图 3.4 左侧展示了模型如何通过最大化输入序列的似然来学习语言结构，而右侧则揭示了如何针对特定任务优化模型参数，从而在特定任务中提升性能。在图 3.4 中展示了以下 4 类 NLP 任务：

1）文本分类（Text Classification）。在文本分类任务中，模型根据输入文本的内容，将其归类到一个或多个预设的类别中。任务特定输入转换在此类任务中相对简单，因为输入序列只包含一个文本片段。在这种情况下，可以直接将原始文本输入模型。对 GPT 模型进行有监督的微调之后，它可以基于输入序列的内容预测相应的类别标签。其输出层通常会添加一个全连接层，用于生成任务相关的类别预测。然而，为使模型能够区分不同的任务，可以在序列的开头插入一个特殊的分类符号（如"[CLS]"），以表示希望模型对输入文本进行分类。

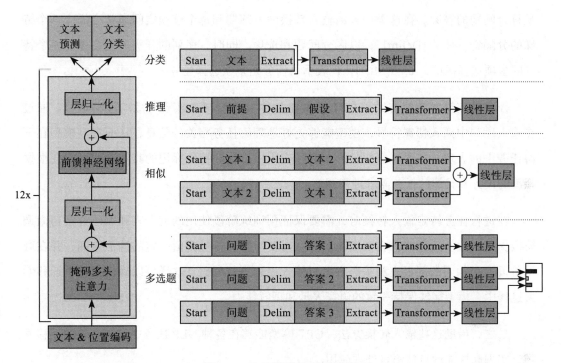

图 3.4　GPT 模型的应用流程

（图片来源：论文"Improving language understanding by generative pre-training"）

2）自然语言推理（Natural Language Inference，NLI）。自然语言推理任务的目标是判断一个假设（hypothesis）是否可以根据给定的前提（premise）得出。任务的输出结果可能是蕴含（entailment）、矛盾（contradiction）或中立（neutral）。在图 3.4 中，输入序列包括前提和假设，它们之间用一个特殊符号（如"[Delim]"）分隔。此外，还可以在序列的开头插入一个特殊的推理符号（如"[NLI]"），以表示希望模型进行推理。经过微调的 GPT 模型可以预测输入序列的关系类型。

3）相似性（Similarity）。在相似性任务中，模型需要评估两个文本序列的相似度。在这类任务的输入转换中，两个待比较的文本序列之间通常会插入一个特殊的分隔符，如"[Delim]"。同时，序列的开头可能会添加一个特殊的相似性标记，例如"[SIM]"，表示该任务是相似性评估任务。

4）多项选择（Multiple Choice）。在多项选择任务中，模型需要从一系列选项中选择最符合问题的答案。在这类任务的输入转换中，问题和每个选项之间通常会插入一个特殊的分隔符，如"[Delim]"，以区分问题和选项。同时，序列的开头可能会添加一个特殊的多项选择标记，如"[MCH]"，表示该任务是多项选择任务。

任务特定输入转换有助于 GPT 模型在各种 NLP 任务中实现有效的迁移学习。通过在输入序列中插入特殊符号，模型能够更好地理解任务相关的信息，从而提高模型在下游任务中的表现。需要注意的是，在实际应用中，这些特殊标记的具体形式可能会根据模型的设计和具体的任务需求进行调整。

在进行任务特定输入转换时，需要保证预训练阶段使用的词汇表和编码方案与微调阶段保持一致。这意味着在预训练阶段，需要为特殊符号预留一定的词汇空间，并在微调阶段使用相同的词汇表和编码方案对输入序列进行编码。这样可以确保在整个迁移学习过程中，模型能够保持一致的语言表示和理解能力。

总之，借助这些输入转换方法，GPT 模型能够在各种 NLP 任务中实现有效的迁移学习，实现高性能的自然语言处理应用。

3.4.3　有监督微调的步骤

有监督微调包括以下关键步骤：

1）选择目标任务。根据具体需求，确定一个特定的 NLP 任务，如情感分析、文本分类或命名实体识别等。

2）准备相关训练数据。收集与所选任务相关的标注数据，这些数据通常包括输入序列（如文本片段）及其对应的标签（如情感标签或类别标签）。

3）初始化模型。使用生成式预训练阶段所学习的模型参数作为初始参数，以确保模型在开始微调阶段就具有强大的语言表示能力。

4）微调模型。利用任务相关数据和损失函数 $L'(\theta)$ 进行模型的微调。在此过程中，可以采用随机梯度下降（SGD）或其他优化算法来更新模型参数，并添加如 L2 正则化等正则化项，调整正则化系数 λ 以防止过拟合。

5）评估模型性能。在任务相关的验证集上评估微调后模型的性能，使用如准确率或 F1 分数等评价指标来衡量模型性能。

6）调整超参数。基于验证集上的性能表现，调整模型的超参数（如学习率或正则化系数）以进一步提升模型性能。

7）应用微调后的模型。将微调后的模型应用于实际问题，处理新的输入数据，并为特定任务生成预测输出。

值得关注的是，根据任务和数据集的特性，模型可以进行适当的修改。例如，在文本分类任务中，可以在模型的最后一层添加一个全连接层来生成任务相关的类别预测。在命名实体识别任务中，可以在模型的输出层添加一个条件随机场（CRF）层来捕获标签序列之间的依赖关系。这种灵活性使得 GPT 模型能够适应各种不同的 NLP 任务。

在实际应用中，GPT 的微调常常可以在相对较少的标注数据上取得良好的性能，这主要归功于预训练阶段学到的丰富语言表示能力。因此，有监督微调阶段可以看作在预训练模型的基础上，利用少量标注数据对模型进行任务特定的调整。

总的来说，有监督微调是将 GPT 模型应用于特定 NLP 任务的重要步骤。通过利用预训练模型学到的丰富语言表示，在任务相关数据上进行微调，使模型能够在特定任务上取得优越性能。

3.5 小结

本章所讨论的生成式预训练模型，作为 GPT 系列的起源模型，对 ChatGPT 的技术架构产生了重要的影响。GPT 的训练流程可被划分为两个主要阶段：无监督预训练和有监督微调。此训练策略为 ChatGPT 提供了一种有效的训练框架。通过在大规模无标签文本数据上进行无监督预训练，ChatGPT 得以掌握丰富的语言表示。进入有监督微调阶段，ChatGPT 可以针对特定任务进行优化，从而提高在该特定领域的性能。GPT 所采用的模型架构仅包含 Transformer 解码器和掩码自注意力机制，这为 ChatGPT 的设计提供了重要指引。这种机制不仅具有强大的表示学习能力和并行计算能力，而且在生成文本时仅关注当前位置及其之前的上下文，从而有助于模型生成连贯且富有意义的回应。

第 4 章

无监督多任务与零样本学习

多任务学习（Multi-Task Learning，MTL）是一种机器学习方法，旨在同时学习多个相关任务，并通过共享表示来提高模型的泛化性能。OpenAI 在 GPT-2 论文[⊖]中引入了无监督多任务学习与零样本学习（Zero-Shot Learning）的概念。

零样本学习可以看作无监督多任务学习的一种特例，其中模型无须使用任务相关的标注信息，而是依赖已学习的语言模型来完成各种任务。零样本学习的优势在于，它消除了针对特定任务进行模型微调的需求，从而降低了模型应用的成本。此外，零样本学习也有助于模型泛化到未见过的任务。本章将详细介绍 GPT-2 模型中的 Transformer 架构的变化，以及无监督多任务与零样本学习的概念。

4.1 编码器与解码器

2018 年 10 月，OpenAI 发布了 GPT，大约半年后，Google 推出了 BERT。典型的 Transformer 模型由编码器和解码器组成，两者都由多个 Transformer 层堆叠而成。如图

⊖ 论文名为 "Language models are few-shot learners"。

4.1 所示，BERT 基于 Transformer 的编码器架构，而 GPT 则基于 Transformer 的解码器架构。

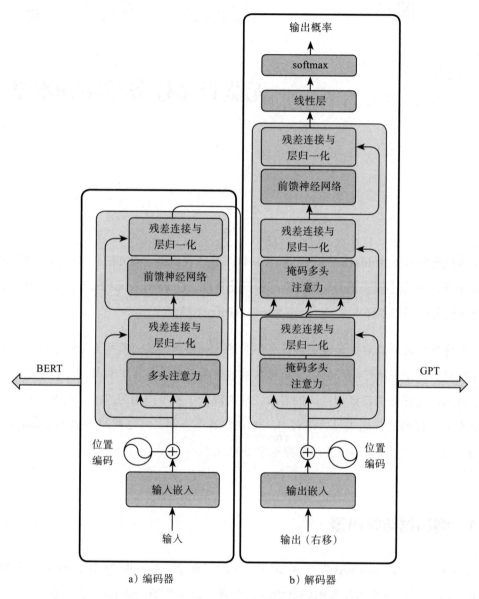

图 4.1 Transformer 的编码器与解码器架构

BERT 模型采用双向上下文表示，在预测一个词时，会同时考虑该词前后的上下文信息。BERT 在训练过程中使用了掩码语言模型（Masked Language Model，MLM）的策略，通过随机掩盖输入句子中的部分词汇，让模型在预测这些词汇时考虑整个句子的上下文。这使得 BERT 能够更有效地捕捉到双向上下文信息，从而在各种 NLP 任务中取得显著的效果。

在 BERT 取得显著成功后，OpenAI 推出了 GPT-2。作为 GPT 的升级版，GPT-2 仍然采用与 GPT 类似的单向（从左到右）的 Transformer 模型进行无监督预训练。

BERT 采用了基于 Transformer 的双向编码器结构，通过在训练中使用自注意力机制（见图 4.2 左图），能够捕捉到文本中的双向上下文信息。这使得 BERT 在需要理解句子结构和上下文关系的任务上表现优异，如问答系统、命名实体识别和关系抽取等任务。

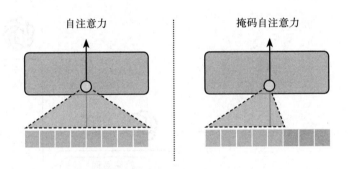

图 4.2　自注意力与掩码自注意力的区别

（图片来源：http://jalammar.github.io/illustrated-gpt2/）

相比之下，GPT-2 采用了基于 Transformer 的单向解码器结构，采用掩码自注意力机制（见图 4.2 右图），主要通过在训练中使用单向语言建模任务来学习文本的上下文信息。虽然这种方法在捕捉双向上下文能力上可能不如 BERT，但 GPT-2 在许多 NLP 任务上表现出色，如文本摘要、机器翻译和对话生成等任务。

由于这两种模型在架构和训练方法上的差异，它们在不同任务上的性能差距可能较大。尽管如此，GPT-2 和 BERT 都被证明是非常强大的自然语言处理模型，在各自擅长的任务领域都取得了显著的效果。

4.2 GPT-2 的模型架构

GPT-2 作为 GPT 系列的后续版本，继续采用了 Transformer 模型的解码器架构。然而，它在训练数据集的规模上大幅超过了 GPT-1。GPT-2 在 OpenAI 团队收集的一个名为 WebText 的 40GB 大型数据集上进行训练。GPT-2 在训练过程中采用了不同规模的模型，包括 117MB（小）、345MB（中）、762 MB（大）和 1542MB（超大）参数量 4 种规模，如图 4.3 所示。GPT-2 最小的模型由 12 层解码器构成，需要 500MB 的存储空间来存储其参数。相比之下，最大的 GPT-2 模型由 48 层解码器构成，其参数量约是最小模型的 13 倍，需要 6.5GB 的存储空间。相对于 GPT-1，GPT-2 的模型架构有了显著的改变，如图 4.4 所示。

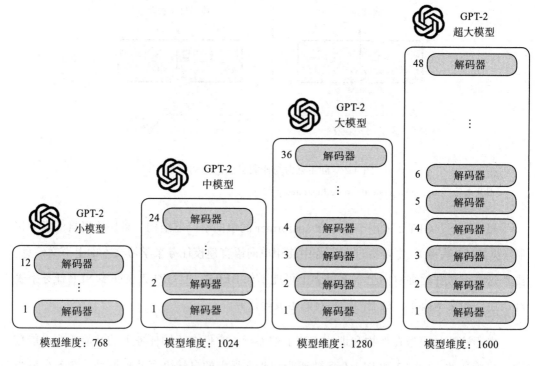

图 4.3 GPT-2 的 4 种不同大小模型

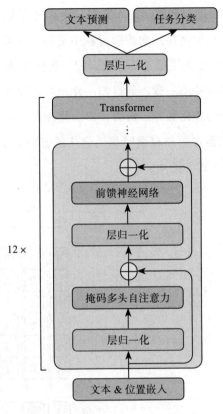

图 4.4 Transformer 的解码器架构

4.2.1 层归一化

层归一化（Layer Normalization）是一种在神经网络层之间添加归一化操作的策略。在 GPT-2 中，层归一化主要应用于 Transformer 层。与 GPT-1 不同的是，每个 Transformer 层的输入和输出都添加了层归一化层，以实现输入和输出的归一化。这种策略有助于缓解梯度消失和梯度爆炸的问题，从而提高模型的训练稳定性和收敛速度。

具体来说，梯度消失和梯度爆炸是神经网络训练过程中常见的问题，尤其在深度神经网络中，由于梯度需要通过多层传播，这些问题尤为严重。层归一化通过在每个 Transformer 层的输入和输出处添加层归一化层来实现，这种归一化方法能够将输入数据的均值和方差分别标准化为 0 和 1，从而使得数据在不同的尺度上保持一致。

首先，归一化操作可以缩放和移动输入数据，使其均值为 0，方差为 1，从而减小输入数据的尺度差异，并使得梯度在反向传播过程中更易于传播，同时可以减小梯度的方差，使得梯度在训练过程中变得更稳定。其次，归一化操作还可以缓解协变量偏移问题，即训练数据和测试数据的分布不一致。通过归一化，可以使训练数据和测试数据具有相同的尺度，从而提高模型的泛化能力。最后，归一化操作使得梯度在各个维度上具有相同的尺度，这有助于优化器在更新权重时找到合适的方向，从而加速模型的收敛速度，提高训练效率。层归一化方式如图 4.5 所示。

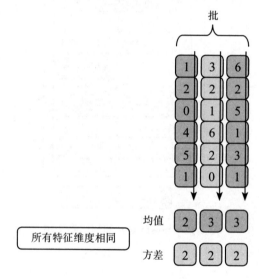

图 4.5　层归一化方式

（图片来源：https://blog.csdn.net/wwangfabei1989/article/details/90547149）

4.2.2　正交初始化

正交初始化（Orthogonal Initialization）是一种神经网络参数初始化方法，主要应用于权重矩阵的初始化。其核心思想是将权重矩阵初始化为正交矩阵，从而有助于缓解训练过程中的梯度消失或梯度爆炸问题。

在权重初始化方面，GPT-2 采用了与 GPT-1 类似的方法。具体而言，GPT-2 采用了正交初始化，这种初始化方法有助于在训练过程中保持梯度的稳定性。正交矩阵的行向量和列向量都是单位向量，且互相正交。也就是说，正交矩阵的逆等于其转置，即 $A^{-1} = A^{T}$。正交矩阵具有良好的数值特性，例如，它的条件数为 1，这意味着在矩阵运算中不会放大误差。

在神经网络的前向传播和反向传播过程中，梯度需要经过多个权重矩阵。如果权重矩阵的初始化不合适，可能导致梯度消失（接近于 0）或梯度爆炸（变得非常大），从而影响模型的训练和收敛。使用正交矩阵进行初始化可以降低这种风险，因为正交矩阵的乘积仍然是正交的，这有助于保持梯度的范数在各层之间相对稳定。

图 4.6 所示是正交初始化的一个简单示例。首先，生成一个大小为 $n \times n$ 的随机矩阵，其中每个元素服从标准正态分布。然后，对随机矩阵进行 QR 分解，即 $A = QR$，其中 Q 是正交矩阵，R 是上三角矩阵。最后，将分解后得到的 Q 矩阵作为初始化的权重矩阵。这个正交矩阵具有良好的数值特性，有助于保持梯度的稳定。

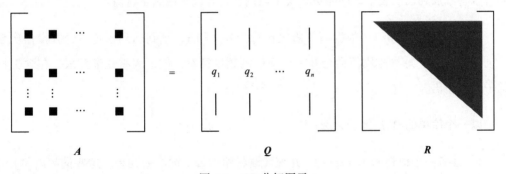

图 4.6　QR 分解图示

需要注意的是，正交初始化主要适用于权重矩阵是方阵（即大小为 $n \times n$）的情况。对于非方阵，可以进行类似的操作，生成一个大小为 $n \times m$（$n > m$）的随机矩阵，然后计算其紧凑 QR 分解（即只保留前 m 列），以获得一个正交的权重矩阵。

4.2.3　可逆的分词方法

GPT 系列都采用了基于数据压缩的可逆分词（Reversible Tokenization）方法，即 Byte-Pair Encoding（BPE）算法。BPE 算法通过将频繁出现的词组合并为一个新的单元，有效地减小了词汇表的大小。在解码时，BPE 分词后的文本可以完全还原，因此被称为可逆分词方法。

BPE 算法的核心思想是将常见的字符组合（如单词或短语）合并为一个新的符号，以减小词汇表的大小，提高模型的泛化能力，并有效处理罕见词汇和词形变化，从而提高模型性能。以下是 BPE 算法的详细步骤。

1）初始化词汇表。将文本中的所有单词（或字符）添加到词汇表中，此阶段词汇表中的每个条目都是一个单独的字符。

2）统计字符频率。统计文本中每对相邻字符的出现频率，这些频率用于确定哪些字符对应合并为新符号。

3）合并高频字符对。找到出现频率最高的字符对，并将它们合并为一个新的符号。新符号将添加到词汇表中，同时更新文本以用新符号代替原始字符对。

4）重复步骤 2 和 3。根据需要重复执行步骤 2 和 3，直到达到指定的合并操作次数或词汇表大小。每次迭代都会合并一个新的高频字符对，词汇表将逐渐扩大，包含更长的子词或短语。

以一个简单的 BPE 例子为例：

1）准备一个语料库（corpus），并统计语料库中每个词语的词频。这些词频以"[词频] 词语 _"的形式存储，其中"_"表示词语结尾。例如，语料库可能包含以下文本：corpus:[7] old_ 、[3] older_ 、[9] finest_ 、[4] lowest_ 。

2）设置 token 词表的大小，或者循环的次数，作为算法的终止条件。

3）统计每个字符出现的次数，包括结尾符号"_"，如表 4.1 所示。

表 4.1　字符出现的次数

字符	频次	字符	频次
_	23	l	14
o	14	d	10

（续）

字符	频次	字符	频次
f	9	n	9
i	9	s	13
e	16	t	13
r	3	w	4

4）选取两个连续字符（或序列）进行合并，合并后的序列具有最高的频次。例如，在第一次迭代中，可能会选择将"e"和"s"组合为"es"，因为它们的总出现次数为 9 + 4 = 13。然后将"es"及其频次加入词汇表，并从原来"e"和"s"的频次中减去。

5）随后的迭代中可能会合并"es"和"t"，因为"est"的总出现次数为 13，为当前最高频次。词汇表会相应更新，增加"est"，减去"t"，词汇表的长度保持不变。

6）合并"est_"，总出现次数也为 13。注意，包含终止标记的合并非常重要。这有助于区分像 estimate 和 highest 等词，它们都有一个共同的"est"，但一个词在结尾有一个"est_"标记，另一个在开头。因此，"est"和"est_"这两个标记会被算法区别对待。算法看到"est_"时，就知道它是 highest 的一部分，而不是 estimate，如表 4.2 所示。

表 4.2　字符合并示例

字符	频次	字符	频次
_	23−13=10	f	9
o	14	i	9
l	14	n	9
d	10	w	4
e	3	est	13−13=0
r	3	est_	13

7）合并"ol"，总共出现 10 次。

8）若设定的循环次数为 4，则此时的词汇表将是（_, o, l, d, r, f, i, n, w, est, ol, est_）。

通过以上描述可知，词汇表长度有三种变化：增加一个元素、减少一个元素、保持不变。BPE 算法能有效压缩原始文本到更短形式，同时保持字符间频繁出现的模式。在各种 NLP 任务中，BPE 算法的显著优势表现在它能通过将词汇分解为子词单元来有效处理罕见词汇和词形变化的问题，从而提升模型性能。

其中，BPE 在处理罕见词汇上的优势表现为能够将训练数据中频率较低的词汇分解为更小的、频繁出现的子词单元，以此让模型更好地学习其语义信息。例如，罕见词汇 neuroscientific 可能会被分解为 neuro、scien、tific 等子词，这些子词在训练数据中出现的频率较高，使得模型可以更容易地学习到它们的语义信息。

同样，BPE 在处理词形变化上也显示出其优势。在许多自然语言中，词形的变化可能导致词汇表的膨胀，从而增加模型的计算复杂度。BPE 通过将这些变化的词汇分解为子词单元，能有效地应对这一问题。例如，英语动词 running 和 ran 可能会被分解为 run、ning 和 ran 等子词，这使得模型能更好地学习词根和词形的变化规律。

BPE 算法在处理中文时的应用比英文更为复杂，因为中文的词汇系统与英文有显著的差异。中文主要由单字组成，每个字都有其独立的含义。与此同时，中文词汇也常由多个字组合而成，形成新的含义。因此，对于中文来说，BPE 算法更常被用来处理单字及其组合。

例如中文"我爱北京天安门"，在使用 BPE 算法处理时，可能首先将其拆解为单个汉字的序列 [" 我 "," 爱 "," 北 "," 京 "," 天 "," 安 "," 门 "]。之后，BPE 算法可能会发现"北京"和"天安门"在语料库中出现的频率较高，因此它可能将"北"和"京"合并为一个 token，"天""安"和"门"合并为一个 token。最后，句子被分解为 [" 我 "," 爱 "," 北京 "," 天安门 "] 的序列。

对于更复杂的中文文本，BPE 算法还可以适应地处理词语的变形和复合形式。例如，"美丽"和"美好"都包含"美"，在这种情况下，BPE 可能会将"美"作为一个单独的 token，然后分别将"丽"和"好"作为另外的 token。通过这种方式，BPE 可以更有效地处理中文语言的特点和复杂性。

然而，由于中文的特性，与英文相比，BPE 在处理中文时可能有一些限制。中文的字形和词形变化不像英文那样基于明确的前缀和后缀，所以在某些情况下，BPE 在处理中文时可能无法展现同样的优势。这就需要更多的针对中文特性的模型和算法来进行处理。

总之，在 GPT 系列模型中，采用 BPE 可以有效地减小词汇表的大小，从而减少模型需要学习的参数数量。这既降低了模型的计算复杂度，提高了训练和推理速度，又通过学习子词单元之间的共享信息，使模型能更好地捕捉词汇的语义信息，从而提升模型在各种 NLP 任务中的性能。

另外，BPE 的应用还提升了 GPT 系列模型对未知词汇的处理能力。当模型遇到未知词汇时，可以将其分解为已知的子词单元，进而推断出该词汇的语义信息。这提高了 GPT 在面对新词汇或罕见词汇时的泛化能力。

在迁移学习任务中，BPE 的应用让 GPT 系列模型表现出更强大的性能。GPT 系列模型通过学习子词单元之间的共享信息，能更好地捕捉不同 NLP 任务之间的共性，从而在迁移学习任务中取得更好的效果，增强其对各种 NLP 任务的适应性。

在多语言处理上，BPE 的应用让 GPT 系列模型更好地处理多种语言。BPE 能捕捉到不同语言之间的共享词根和词形的变化规律，这有助于 GPT-2 模型学习多种语言之间的共性，从而在多语言处理任务中取得更好的效果。

值得注意的是，GPT-2 及之后的版本采用的是 BPE 的一个变形版本——Byte-level BPE（简称 BBPE），它将 BPE 从字符级别扩展到字节（Byte）级别。例如，当采用 BBPE 处理 Unicode 编码时，由于 Unicode 的基本字符集很大，因此 BBPE 将一个字节视为处理的基本单位，而不管实际字符集用了几个字节来表示一个字符。这样的话，基础字符集的大小就锁定在 256（2^8）。BBPE 可以跨语言共用词表，压缩词表的大小，但对于类似中文这样的语言，一段文字的序列长度会显著增长。因此，对于同样的训练集，BBPE 模型可能比 BPE 模型的表现更好。然而，BBPE 序列比 BPE 更长，这也导致了需要更长的训练 / 推理时间。

4.2.4　可学习的相对位置编码

GPT-2 基于 Transformer 模型，采用了一种可学习的相对位置编码（Learnable

Relative Positional Encoding）策略，以精确地捕捉输入序列中的位置信息。这种策略的独特之处在于它不仅考虑了 token 之间的绝对距离，还关注了它们的相对位置关系，从而在捕获长程依赖关系方面，显著增强了模型的性能。

在 GPT-2 的设计中，相对位置编码被巧妙地嵌入自注意力计算过程中，与 Q、K、V 矩阵联合使用，以准确地捕获 token 之间的相对位置信息。在这个过程中，计算自注意力分数时，模型不仅需要考虑 token 之间的内容相关性（通过 Q 和 K 的点积计算得出），还需考虑它们的相对位置（通过相对位置编码得出）。值得注意的是，这些相对位置编码是通过参数化的函数（例如正弦和余弦函数）来表示的，并且在模型训练过程中，这些函数的参数会被学习和优化。

为了对 GPT-2 中的相对位置编码与原始 Transformer 中的位置编码的差别进行说明，我们借助一个实例进行阐述。假设存在一个输入句子" The cat is cute."。该句首先被转化为对应的 token ID：[The, cat, is, cute, .]。在原始的 Transformer 模型中，利用预先计算好的、基于正弦和余弦函数生成的绝对位置编码矩阵，该编码矩阵会被加到原始的嵌入向量上，从而使得模型能够获取到文本中的绝对位置信息。

然而，GPT-2 的处理方式略有不同。在此，模型并不直接将位置编码加到嵌入向量上，而是在计算自注意力分数时，将相对位置编码考虑进去。这些编码是可学习的，并根据 token 之间的相对距离进行计算。例如，在此例中，cat 和 cute 之间的相对距离为 2。这些编码在注意力权重的计算中被一同考虑，与 token 之间的内容相关性一同参与进来，从而使得模型能够学习到如何利用位置信息，以提高自注意力机制的性能。

4.3 无监督多任务

GPT-2 的无监督预训练依赖于一个被称为 WebText 的大规模互联网文本数据集。这个数据集包含大约 45 万篇网络文章，它们是由 OpenAI 的网络爬虫从互联网中抓取的。为了确保数据质量，GPT-2 在数据处理阶段对收集的文章进行了去重、清洗和筛选。最终，WebText 数据集的规模约为 40GB，包含近 80 亿个单词。相较于 GPT-1 所使用的数据集，WebText 的规模更大，这为训练更大规模且更强大的模型提供了可能。

如图 4.7 所示，多任务监督学习（可能是分类或回归问题）根据训练数据集（包含训练数据实例和它们的标签）预测未曾见过的数据的标签。而 GPT-2 的多任务学习则通过无监督学习，生成与训练数据相似的文本。尽管在相关文献中并未详细比较 GPT-1 和 GPT-2 在无监督预训练阶段的具体任务和方法，但基本原理是相似的。两者均采用类似的 Transformer 模型，并在预训练阶段使用了大量无标签的文本数据。

在预训练阶段，GPT-2 采用了最大似然估计的方法，让模型学会预测给定上下文情境下的下一个单词。在训练过程中，模型通过对比自身的预测结果与实际结果的差异，调整参数以提高预测准确性。这样，GPT-2 接触并学习了大量的自然语言文本，从而获取了丰富的语言结构和语义信息。

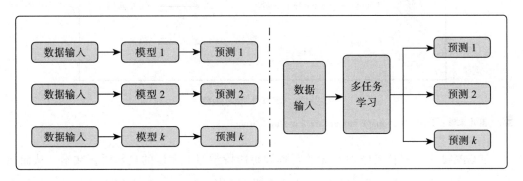

图 4.7　多任务监督学习与多任务无监督学习

（图片来源：https://zhuanlan.zhihu.com/p/348873723）

GPT-2 的无监督多任务学习旨在通过学习大量自然语言文本，获取多个任务的共享知识和特征，从而提高模型的泛化能力和适应性。尽管 GPT-2 中的多任务学习是无监督学习，但在实际应用中，人们往往会对预训练的 GPT-2 进行有监督微调，使其更好地适应特定的任务。这种微调过程可以视为一种有监督学习形式，因为它通常会使用标注的数据，并针对特定任务的性能进行优化。在有监督微调阶段，模型主要根据特定任务的需求进行训练。尽管这在一定程度上能够帮助模型更好地适应其他类似任务，但这种迁移能力是有限的，因为微调过程中获取的知识是针对特定任务的。

4.4 多任务学习与零样本学习的关系

零样本学习是模型在没有针对某个特定任务进行有监督训练的情况下，能够利用之前学到的知识来处理这个任务的一种方法，如图 4.8 所示。GPT-2 的零样本学习能力来源于预训练阶段的无监督多任务学习，在自然语言处理领域，零样本学习可以被理解为在不同子领域进行无监督的迁移。这意味着模型在预训练阶段学到的知识能够泛化到各种 NLP 任务上，而无须进行针对性的有监督微调。然而，零样本学习通常在任务性能上不如有监督微调，因为模型没有利用到特定任务的标注数据。

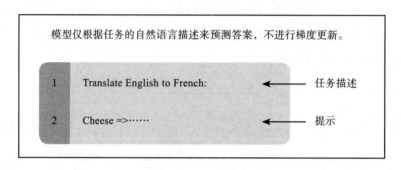

图 4.8　零样本学习示例

（图片来源：论文 "Language models are few-shot learners"）

在 GPT-2 中，多任务学习在无监督预训练阶段学习了大量的自然语言文本，从而捕捉到了丰富的语言结构和语义信息。零样本学习允许 GPT-2 在没有特定任务标签的情况下处理各种 NLP 任务。多任务学习和零样本学习在 GPT-2 中并不矛盾。

零样本学习为 GPT-2 提供了广泛的应用可能性。下面通过阅读理解、文本摘要和情感分析三个具体任务，详细阐述零样本学习在 GPT-2 中的应用。

在阅读理解任务中，模型需要根据给定的文本生成问题的答案。在零样本学习的情境下，GPT-2 并不进行任务特定的微调。相反，问题和文本作为输入提供给 GPT-2，模型据此生成相应的答案。该类任务的关键在于如何有效地组织问题和文本为一个序列。常见的做法是将问题与给定的文本片段拼接在一起，中间插入特定的分隔符。举例如下。

问题：太阳系有多少颗行星？

文本：太阳系包括一颗恒星（太阳）和八颗行星。

以上可以组织为："太阳系有多少颗行星？ <SEP> 太阳系包括一颗恒星（太阳）和八颗行星。"提供这个组织好的序列给 GPT-2 模型，模型可能生成的答案为"八颗"。

在文本摘要任务中，模型需要从较长的文本中提取关键信息，生成简洁的摘要。在零样本学习的情境下，这一目标可以通过在输入序列中明确指定任务要求来实现。举例如下。

文本：计算机科学是研究计算机及其系统的科学。这个领域的研究者不仅研究计算机硬件的设计与开发，还研究编程语言、软件设计、算法和其他与计算有关的理论和实践。

将任务要求与文本拼接在一起，在模型中输入："生成关于以下文本的摘要：计算机科学是研究计算机及其系统的科学。这个领域的研究者不仅研究计算机硬件的设计与开发，还研究编程语言、软件设计、算法和其他与计算有关的理论和实践。"

此时，GPT-2 模型可能生成类似以下的摘要："计算机科学是研究计算机系统、硬件设计、软件设计和算法等方面的科学领域。"请注意，由于模型并未接受过专门针对文本摘要任务的监督训练，生成的摘要质量可能不如经过有监督训练的模型，但这仍展示了模型在未接受特定任务训练的情况下仍能完成多任务学习的强大能力。

在情感分析任务中，模型需要识别并理解文本中的情感取向，如积极、消极或中立。GPT-2 可通过生成包含输入文本情感信息的句子来实现零样本学习。例如，给定一段关于某产品的评论："这款手机的电池寿命很长，摄像头效果也非常出色。"我们可以要求 GPT-2 生成一段关于这段评论情感的描述，将输入文本修改为："这款手机的电池寿命很长，摄像头效果也非常出色。这段评论的情感是什么？"GPT-2 可能会生成类似以下的回答："这段评论的情感是积极的。"这表明 GPT-2 成功地完成了情感分析任务，尽管它并未接受过针对此任务的专门监督训练。

4.5　GPT-2 的自回归生成过程

GPT-2 在无监督预训练阶段通过大规模自然语言文本吸收了丰富的知识。这个过程优化了模型的权重矩阵，使其在语言建模任务上表现优异。在零样本学习的应用中，这个预训练的模型被直接使用，无须进行任何任务特定的微调。这意味着在处理 NLP 任务时，权重矩阵保持不变，不会被进一步修改或更新。

此外，预训练过程中还使用了一个词汇表。每个词汇的初始嵌入向量在开始时是随机生成的，但在训练过程中，这些向量被调整优化，以在语言建模任务上最大化模型性能。预训练结束后，得到每个词更新后的嵌入，这些嵌入反映了模型从大规模语料库中学习到的语言统计信息。

对于特定的 NLP 任务，通常会对已经训练好的 GPT-2 模型进行微调。在这个微调过程中，模型的权重矩阵可能会有所变化，以更好地适应特定任务。然而，在零样本学习场景下，模型权重保持不变。

4.5.1　子词单元嵌入

GPT-2 模型使用 BBPE 技术对输入文本进行预处理，将文本分解为"子词单元"（token），而不是传统的单词。BBPE 将一个字节视为处理的基本单位，因此，每个子词单元的嵌入向量长度为一个字节。值得注意的是，因为 BBPE 技术将文本分解为字节单位的子词单元，一个单词可能会被分解为多个子词单元，每个子词单元都有其对应的嵌入向量。因此，在 GPT-2 模型中，词表是基于预训练语料中的统计信息生成的，并且会考虑常见的词汇和单词结构。

但是，GPT-2 模型输入 token 序列的长度是根据其版本而变化的。如图 4.9 所示，在小型的 GPT-2 模型（即 GPT-2 small）中，输入 token 序列长度为 768，而在更大的模型中，输入 token 序列的长度可能扩展至 1024 或 2048。

在 GPT-2 的预训练期间，词表的嵌入表示是通过对输入序列进行自回归预测来训练的。这意味着模型会根据上下文和预测目标来调整词表中 token 的嵌入表示，以优化预测性能。这样的训练过程会更新嵌入表示的参数，使其能够更好地捕捉语义和语法的信息。

需要注意的是，在预训练完成后，词表的嵌入表示在应用模型时是固定的，不会再进行更新。预训练的目标是为模型提供具有良好语义表达能力的初始参数，而不是在实际应用中动态更新嵌入表示。鉴丁模型是在大规模语料库上进行预训练的，这些嵌入向量通常能够很好地适应各种 NLP 任务。

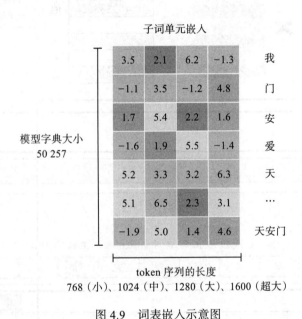

图 4.9　词表嵌入示意图

4.5.2　自回归过程

作为一种典型的自回归生成模型，GPT-2 可以处理长度达到 1024 个 token 的输入，并从输入 token 开始，按照自回归的方式生成序列。然而，这种方式生成的序列往往缺乏有意义的主题。因此，在实际应用中，GPT-2 常采用零样本学习的方式，接收一个指令性的提示（无示例的提示），并围绕一个特定的主题生成文本。

例如，在一个典型的问答场景中，输入提示可以是"太阳系有多少行星？"。如图 4.10 所示，在输入序列进入 Transformer 模型之前，需要将其转化为对应的 token 表示向量，即将词嵌入向量加上位置编码。Transformer 模型由多层解码器组件组成，每一层的 token 序列首先经过自注意力层的处理，然后经过前馈神经网络层的处理，处理完成后再传递到下一层解码器。虽然每个解码器组件的处理流程相同，但每个组件的自注意力层和神经网络层都具有独立的权重。

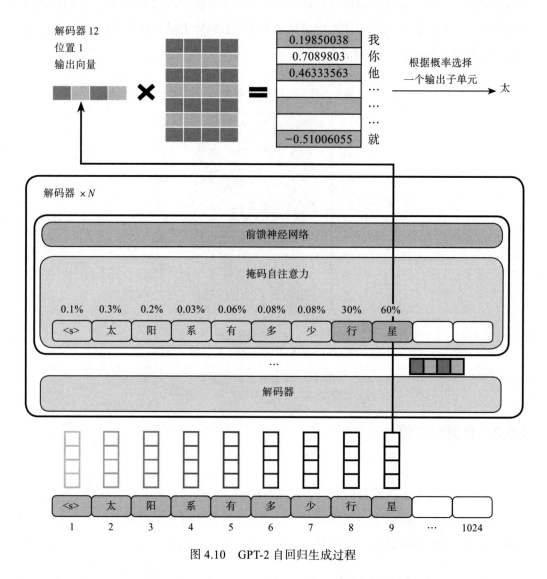

图 4.10   GPT-2 自回归生成过程

当模型的最后一个解码器产生输出向量时，这个向量将与 token 嵌入矩阵进行乘法运算。得到的结果经过归一化后，可以看作两个向量的余弦距离。这意味着当输出向量与 token 嵌入矩阵中的某一个向量越接近，两者的点积结果就越大。归一化后的结果可以看作从 token 嵌入矩阵中选择某一个向量的概率或评分。通常选择评分最高的那个词（top_k=1）。然而，为了达到更好的效果，可以考虑其他评分较高的词汇。因此，一种常用的策略是根据这些评分进行随机采样，这样评分高的词汇被选中的概率也会增加。另一种更通用的策略是将 top_k 设置为 N，从中选取评分最高的 N 个词汇。这样，模型就完成了一次迭代，并输出了一个单词。模型将继续进行迭代，直到生成整个上下文（GPT-2 序列长度上限为 1024 个 token）或直到生成了表示序列结束的 token<e>。

4.6　小结

GPT-2 的诞生并未终结编码器与解码器架构的争论，但其在多任务学习中所取得的成效为研究社区提供了新的视角。越来越多的研究集中于如何在无监督学习的环境中，更有效地利用大量的非结构化文本数据。人们也开始探讨如何通过优化模型架构和改进训练策略，提升模型在多任务学习和零样本学习中的性能。

紧随 GPT-2 之后，OpenAI 发布了更先进的 GPT-3 模型，它在多种 NLP 任务中表现出了卓越的性能。令人震惊的是，GPT-3 的参数量达到了 1750 亿，这是 GPT-2 最大版本的一个数量级。在如此庞大的参数规模上进行有监督的多任务微调显然是不现实的，因此，GPT-2 所提出的零样本学习方法在 GPT-3 中发挥了重要作用，为 NLP 领域带来了新的启示和视角。

第 5 章

稀疏注意力与基于内容的学习

OpenAI 在 2020 年 5 月发布了其革命性的语言模型 GPT-3。虽然 GPT-3 在设计原则上与其前身 GPT 和 GPT-2 有许多共通之处,例如采用基于 Transformer 的解码器架构,但它引入了一种改进的类 Sparse Transformer 模式。这种模式在 Transformer 的各层中交替使用密集和局部带状稀疏注意力模式,大大提高了 GPT-3 处理长序列的计算效率。

GPT-3 拥有惊人的 1750 亿个参数,成为了迄今为止最大的 Transformer 模型之一。随着模型规模的增大,GPT-3 在多项 NLP 任务上的性能显著提升。然而,这也使大语言模型的训练成本达到了新的高度。据国盛证券的报告估算,GPT-3 一次的训练成本约为 140 万美元。这样的经济压力使得通过有监督的标注数据微调 GPT-3 等大语言模型的参数以适应下游任务变得不现实。因此,GPT-3 更强调基于内容的学习(In-context learning),在微调或任务适应阶段,模型仅使用少量标注数据作为特定任务的示例,而无须对模型参数进行大规模的微调,却能够在少量样本中学习任务相关的知识,从而在新任务上表现出优异的性能。

本章将深入探讨 GPT-3 的改进的类 Sparse Transformer 模式,以及基于内容学习的理念和特性。

5.1　GPT-3 的模型架构

GPT-3 继承了 GPT 系列的基本架构，如正交初始化、层归一化和 BBPE 分词方法，这些均有助于提高模型的训练效果和生成能力。然而，GPT-3 在注意力模式上做了重大改进：如图 5.1 所示，它在 Transformer 的解码器层中交替使用密集和局部带状稀疏注意力模式，这与 Sparse Transformer 中的实现方式类似，但与 GPT-2 使用的传统全连接注意力模式有所不同。此改进使 GPT-3 能更有效地处理长序列，进而减少计算复杂度和内存占用，从而提高模型的可扩展性。

GPT-3 的模型规模远超 GPT-2，具有 1750 亿的参数，而 GPT-2 的参数量为 15 亿。这种规模的扩展使得 GPT-3 在许多任务上取得了更优秀的性能。两者都采用了基于 Transformer 的解码器架构，意味着它们都包含输入、嵌入层、Transformer 层和输出层。尽管 GPT-3 在 Transformer 的各层中引入了交替的密集和局部带状稀疏注意力模式，但仍然沿用了 GPT-2 的正交初始化、层归一化和可逆的分词方法。另外，GPT-3 使用了更大的训练数据集，这使其在执行各种 NLP 任务时能更好地泛化。GPT-3 架构包括以下部分：

1）输入与 BBPE 分词。GPT-3 采用 BBPE 进行分词，这种可逆的分词方法将词汇表中的高频词组合成一个新的单元，从而减少词汇表的大小。

2）嵌入层。嵌入层将离散的 token 转换为连续的词向量表示。

3）位置编码。GPT-3 通过位置编码为词向量添加位置信息，从而使模型能够区分不同位置的词汇，捕捉序列中的上下文信息。

4）Transformer 层。GPT-3 模型的核心部分是由多层 Transformer 编码器堆叠而成的。每个 Transformer 层包含两个子层：一个稀疏注意力子层和一个前馈神经网络子层。稀疏注意力子层使用交替的密集和局部带状稀疏注意力模式，前馈神经网络子层则是一个全连接的神经网络，用于提取更高层次的特征表示。

5）层归一化。层归一化是一种在神经网络层之间引入归一化操作的方法。在 GPT-3

中，每个 Transformer 层的输入端和输出端都添加了层归一化层，以实现输入和输出的归一化。这种方法有助于减小梯度消失和梯度爆炸问题，从而提高模型的训练稳定性和收敛速度。

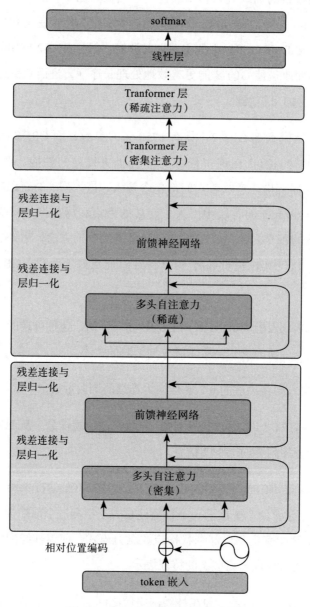

图 5.1　GPT-3 的模型架构示意图

6）输出层。GPT-3 的输出层负责将 Transformer 层的输出转换为一个概率分布，以预测下一个 token。模型使用一个线性层将词向量转换为 logits，然后通过 softmax 层将 logits 转换为概率分布。根据这个概率分布，选择具有最高概率的 token 作为预测结果。

总的来说，GPT-3 继承了 GPT-2 中的许多设计和技术，主要区别在于 GPT-3 引入了稀疏注意力机制。GPT-3 的规模和训练数据集的扩展也使其在性能上有所提升。

5.2　稀疏注意力模式

Sparse Transformer 是一种专门针对长序列处理进行优化的 Transformer 模型的改进模式。Sparse Transformer 通过引入稀疏注意力模式，巧妙地降低了计算复杂度和内存需求，从而实现了对长序列的高效处理。

5.2.1　Sparse Transformer 的特点

传统的 Transformer 模型在处理长序列时，由于自注意力机制的全连接性质，会面临计算复杂度和内存占用过大的问题。具体来说，如果输入序列长度为 n，那么自注意力机制的计算复杂度和内存需求都是 $O(n^2)$。对于很长的序列，这样的复杂度是不可接受的。Sparse Transformer 针对长序列进行优化，不计算所有元素对的注意力分数，从而实现了计算的稀疏性。具体的算法有两种：一是限制注意力机制的作用范围，即设置一个注意力窗口；二是设计特定的稀疏连接模式，其计算复杂度和内存需求可以被降低到 $O(n)$。

（1）稀疏注意力模式（Sparse Attention Pattern）

如图 5.2 所示，Sparse Transformer 的核心设计理念是使用稀疏注意力模式。在此模式中，计算注意力时，每个输入 token 只关注一部分上下文信息，而不是全部可能的 token。这种设计有效地将计算复杂度从 $O(n^2)$ 降为 $O(n)$。稀疏注意力模式有多种实现方式，如局部带状注意力、稀疏全连接注意力等。在 GPT-3 中，采用的是局部带状注意力模式，只关注相对位置较近的 token，而稀疏全连接注意力则在整个序列上以固定步长采样。

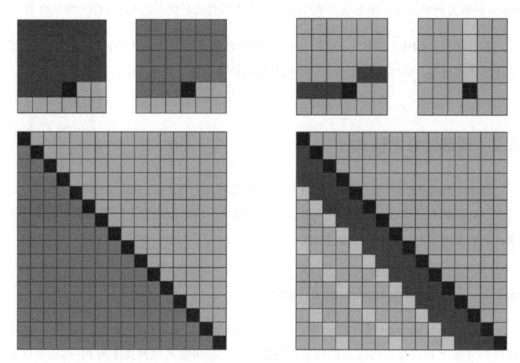

图 5.2　传统 Transformer（左）与 Sparse Transformer（右）

（2）交替的密集和稀疏注意力模式（Alternating Dense and Sparse Attention Pattern）

为了进一步提高模型性能和泛化能力，GPT-3 在不同的 Transformer 层中交替使用密集和稀疏注意力模式，这是基于 Sparse Transformer 的设计思想。这种设计使得模型在维持计算效率的同时，能够更好地捕捉长程依赖关系。在实际应用中，可以根据任务的具体需求和计算资源的限制，适当地调整密集和稀疏注意力模式的比例。

（3）可学习的相对位置编码（Learnable Relative Positional Encoding）

GPT-3 采用了可学习的相对位置编码的设计，不仅考虑了 token 之间的绝对距离，也考虑了它们的相对距离。这种设计有助于增强模型在捕捉长程依赖关系方面的能力。

5.2.2　局部带状注意力

GPT-3 中引入的局部带状注意力是稀疏注意力机制的一种变体，其主要目标在于缓解 Transformer 模型的计算复杂度和内存负担。在此模式下，每个输入的 token 只关注其近邻的一部分 token，而非所有可能的 token。下面将详细阐述这种局部带状注意力的具体实现步骤。

1）确定窗口大小。设定一个窗口大小（window size），该大小定义了每个 token 所能关注的上下文范围。这个窗口大小可以根据具体的任务需求以及计算资源进行调整。一般来说，较大的窗口大小可以获取更丰富的上下文信息，但相应的计算复杂度也会提高。

2）构建注意力矩阵。对于序列中的每一个 token，创建一个窗口大小的一维注意力向量，其中包含该 token 关注的相邻 token 的权重。这个注意力向量的计算方法与传统自注意力机制相同，但只考虑窗口内的 token。将所有 token 的注意力向量堆叠起来，就形成了一个二维的注意力矩阵。

3）计算局部带状注意力。利用上一步得到的二维注意力矩阵乘以输入序列的隐藏状态，便得到了局部带状注意力的输出。这个输出包含序列中每个 token 的上下文信息，但只关注了邻近位置的 token。

局部带状注意力的主要优势在于其显著降低了计算复杂度，从 $O(n^2)$ 降至 $Q(n \times$ window size)。这种设计使得模型在保持较高计算效率的同时，能够捕捉到一定范围内的上下文信息。然而，局部带状注意力可能无法捕捉到较远距离的依赖关系。为了解决这个问题，可以与其他稀疏注意力模式（如稀疏全连接注意力）结合使用，或在 Transformer 层之间交替使用密集和稀疏注意力模式。

5.2.3　跨层稀疏连接

跨层稀疏连接的主要目的是帮助模型在相邻层之间建立更长距离的依赖关系。在采用稀疏连接的模型中，例如 GPT-3，通过提高注意力机制的计算效率，模型可以处理更长的输入序列。

在 GPT-3 中，跨层稀疏连接通过交替使用密集和局部带状稀疏注意力模式实现。具体来说，模型的不同层之间的连接方式包括如下两种。

1）局部带状稀疏连接。在局部带状稀疏连接中，每个 token 仅关注其前后相邻的一部分 token。这种连接方式使模型能够在一个较小的窗口内捕获局部依赖关系。

2）密集连接。在密集连接中，每个 token 可以关注序列中的所有其他 token。这种连接方式使模型能够捕获全局依赖关系。

通过在模型的各层交替使用这两种连接方式，GPT-3 能够捕获不同尺度的依赖关系。局部带状稀疏连接帮助模型捕获相邻层之间的短距离依赖关系，而密集连接使模型能够跨越更长的距离建立依赖关系。这种设计使得 GPT-3 在处理长序列时具有更高的计算效率，同时能够捕获更长距离的依赖关系。

GPT-3 通过使用跨层稀疏连接，实现了在相邻层之间建立更长距离的依赖关系。这种设计使得模型在各种 NLP 任务中取得更好的性能，同时降低计算资源的需求。

5.3　元学习和基于内容的学习

鉴于 GPT-3 的庞大参数规模（1750 亿个参数），对所有参数进行微调以适应各类下游任务已经变得不现实。因此，元学习和基于内容的学习成为 GPT-3 的主要学习策略。这里的元学习是指在大量的文本数据上训练一个模型，使其掌握自然语言生成的能力，以及获取广泛的知识和语言理解能力。在预训练过程中，模型学习了词汇、短语、句子和段落的语法结构，以及一些基础知识。

基于内容的学习是指在有限的、带标签的数据上调整模型，以使其适应特定任务。这种微调过程并不涉及模型的全面训练，而是将模型在预训练阶段获得的泛化能力转化为适应特定任务的能力。这些数据可能是问题和答案的配对，或者是带有情感标签的句子等。只需少量的带标签数据，模型就能在各种 NLP 任务中表现出高性能。

5.3.1　元学习

传统的元学习通常是指训练一个模型，使其能够在给定少量标签数据的情况下快速学习新任务。然而，GPT-3 的论文"Language Models are Few-Shot Learners"将元学习的定义扩展到了非监督预训练阶段。

在这个上下文中，大语言模型（如 GPT-3）被视为元学习器，因为在预训练阶段，这些模型就已经学会了大量的知识和语言理解能力。通过在大量无标签文本数据上进行预训练，模型能够掌握语言的结构和常识知识，从而具备一定的泛化能力。

这种对元学习的新解释之所以成立，是因为 GPT-3 在预训练阶段就已经展现出了强大的泛化能力。这种泛化能力与传统的元学习方法相似，但在 GPT-3 中，这种能力主要源于非监督预训练阶段，而不是针对元学习任务的专门训练过程。

5.3.2　基于内容的学习

为了避免在微调阶段调整模型参数，GPT-3 更加重视基于内容的学习。在任务适应阶段，模型采用了零样本（Zero-shot）、单样本（One-shot）和少样本（Few-shot）学习策略，突破了传统微调方法的限制。

如图 5.3 右侧所示，微调过程由预训练模型完成后启动。针对每个任务，都会提供部分训练样本，如图中例子所示，采用的是批量大小为 1 的训练样本。通过计算损失并更新权重，模型最终在新任务上达成较好的性能。相对于从零开始训练，微调的数据需求通常更小，学习率也可以设置得较低，这是因为微调的初始值是基于预训练模型的，与最终解相差并不大。

图 5.3 左侧展示了 GPT-3 模型如何采用了不同数量示例的上下文学习方法（零样本、单样本和少样本），以在不对模型参数进行调整的情况下提升新任务上的性能。相比参数微调，这种方法极大地降低了使用大语言模型的门槛，便于用户在不同任务上灵活使用模型。

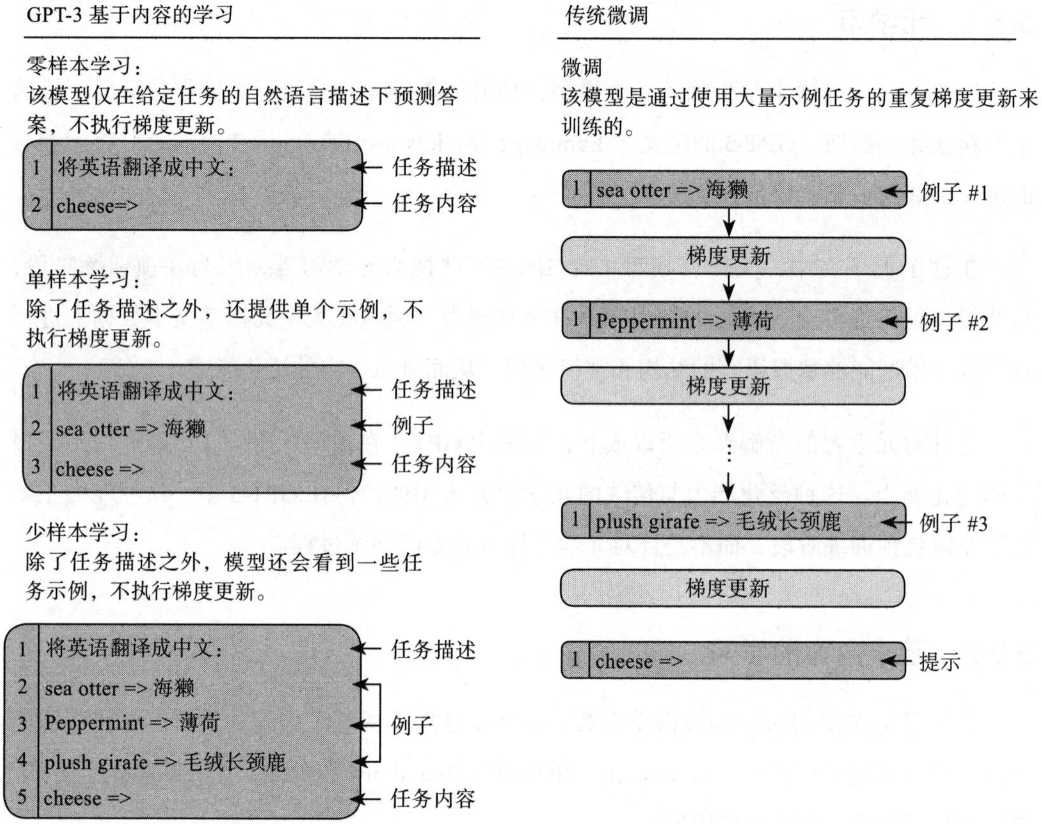

GPT-3 基于内容的学习

传统微调

零样本学习：
该模型仅在给定任务的自然语言描述下预测答案，不执行梯度更新。

| 1 | 将英语翻译成中文： | ← 任务描述 |
| 2 | cheese=> | ← 任务内容 |

单样本学习：
除了任务描述之外，还提供单个示例，不执行梯度更新。

1	将英语翻译成中文：	← 任务描述
2	sea otter => 海獭	← 例子
3	cheese =>	← 任务内容

少样本学习：
除了任务描述之外，模型还会看到一些任务示例，不执行梯度更新。

1	将英语翻译成中文：	← 任务描述
2	sea otter => 海獭	
3	Peppermint => 薄荷	← 例子
4	plush girafe => 毛绒长颈鹿	
5	cheese =>	← 任务内容

微调
该模型是通过使用大量示例任务的重复梯度更新来训练的。

| 1 | sea otter => 海獭 | ← 例子 #1 |

梯度更新

| 1 | Peppermint => 薄荷 | ← 例子 #2 |

梯度更新

⋮

| 1 | plush girafe => 毛绒长颈鹿 | ← 例子 #3 |

梯度更新

| 1 | cheese => | ← 提示 |

图 5.3 三种不同的上下文学习与传统微调

零样本学习是指训练模型在没有接触过任何与目标任务相关的标签数据的情况下，仅凭借在预训练阶段学到的知识来解决问题。在零样本学习中，模型需要理解任务描述，并在没有任何示例的情况下完成下游任务。在这种情况下，模型需要根据任务的描述，以自然语言的形式生成正确答案。零样本学习的挑战在于如何让模型在没有接触过任何与任务相关的示例的情况下，理解任务的具体要求并生成合适的输出。

GPT-3 在零样本学习方面表现优异。由于 GPT-3 的庞大规模和在大量无标签文本数据上的预训练，它能够捕捉到丰富的语言结构、语法规则和常识知识，且能够在没有任何任务相关标签数据的情况下，直接生成有意义且相关的输出。

单样本学习是指在仅给定一个与目标任务相关的示例样本的情况下进行推理。在单样本学习中，模型需要根据提供的单个示例来理解任务的具体要求，并据此生成正确的答案。单样本学习的挑战在于如何让模型从有限的信息中快速学习和适应新任务。

在图 5.3 的单样本学习示例中，任务描述和实际翻译之间仅插入了一个示例。模型需要在推理时通过注意力机制处理比零样本更长的序列信息，从而从中提取更多有用的信息以帮助后续的翻译任务。值得注意的是，虽然插入了训练样本，但模型并不进行梯度计算或更新。

GPT-3 通过利用其在预训练阶段学到的知识，结合给定的单个示例，实现了在单样本学习任务上的高性能。这表明 GPT-3 可以在极少的标签数据情况下快速适应新任务，从而降低了在特定任务上进行监督学习所需的训练成本和时间。

少样本学习是指训练模型在给定少量与目标任务相关的标签样本示例后进行推理。在少样本学习中，模型需要根据提供的多个示例来理解任务的具体要求，并据此生成正确的答案。少样本学习的挑战在于如何让模型在有限的信息中有效地学习和适应新任务，同时提高预测准确性。少样本学习是对单样本学习的扩展，在任务描述后提供多个示例。然而，GPT-3 模型的处理能力有限，因此提交过长的文本序列用作少样本学习可能不利于提取有用信息。这也解释了为什么在 GPT-3 模型中，过多示例的上下文学习并不广泛。

GPT-3 在少样本学习任务上的表现同样引人注目。通过将多个任务相关的示例作为输入，GPT-3 能够更好地适应新任务，从而在各种 NLP 任务上取得高性能。这表明 GPT-3 具有很强的泛化能力，可以在少量标签数据的情况下实现高质量的输出。

与零样本、单样本和少样本学习相比，传统微调方法侧重于通过大量有标签数据对预训练模型进行监督学习。这种方法在许多 NLP 任务上取得了显著的成果，但其局限性在于它需要大量的标签数据和计算资源（调整模型参数）来实现高性能。此外，由于在特定任务上的微调可能导致模型过拟合，因此其泛化能力有限。

与传统微调方法相比，零样本、单样本和少样本学习策略具有明显优势。首先，由于 GPT-3 在预训练阶段就已经学会了大量知识和语言理解能力，因此它无须在特定任务上进行昂贵的监督学习，大大减少了训练成本和时间。其次，GPT-3 在给定少量标签数据的情况下就能实现很好的性能，这意味着它可以更容易地适应各种 NLP 任务，特别是那些难以获得大量标签数据的任务。

5.4　概念分布的贝叶斯推断

上下文学习作为 GPT 等大语言模型的重要涌现能力，理解其原理对于构建有效的提示至关重要。如图 5.3 所示，零样本学习的提示包括任务描述与任务内容，而单样本与少样本学习的提示还包括例子。

5.4.1　隐式微调

将语言模型解释为元优化器，并将上下文学习视为一种隐式微调，将上下文学习理解为一个元优化过程，从而在 GPT 的基于上下文学习和传统的显式微调之间建立了联系。如图 5.4 所示，GPT 在前向计算中根据与目标任务相关的标签样本生成元梯度，并通过注意力机制将这些元梯度应用于给定的任务。这种元优化的过程与微调的过程有着共享的视角，微调通过使用反向传播梯度来显式更新模型参数。

上下文学习与显式微调在预测水平、表示层次和注意力行为层次上具有相似性，都采用基于梯度下降的优化方式，但上下文学习通过前向计算产生元梯度，而微调则通过反向传播计算梯度。

在少样本学习场景中，大语言模型是否通过给定少量与目标任务相关的样本示例隐式地学习了一个映射函数 $y = f(x)$ 呢？如果这样的话，给定的样本示例 $<x_i, y_i>$ 对于基于上下文学习的性能影响将会很大。在 GPT-3 的原论文中似乎也验证了这种观点，如图 5.5 所示，在零样本学习场景中，模型无法通过样本去学习 / 修正，而在单样本学习、少样本学习场景中，模型性能有明显提升。

然而，另一项研究为理解上下文学习中样本示例的角色提供了新的视角。该研究显示，样本示例中的输入—标签映射对模型性能的影响小于预期。当样本示例中的真实标

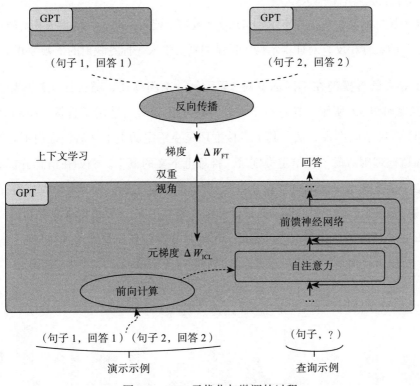

图 5.4　GPT 元优化与微调的过程

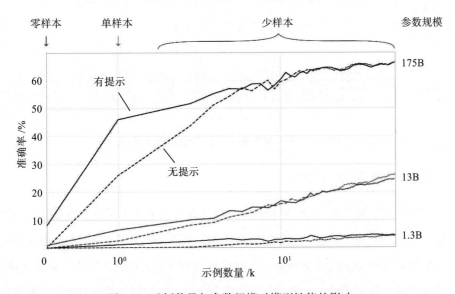

图 5.5　示例数量与参数规模对模型性能的影响

（图片来源：论文"Language models are few-shot learners"）

签被替换为随机标签，或当样本示例 $<x_i, y_i>$ 被随机值替换时，性能损失相对较小，这与少样本学习的直觉相反，对样本示例中提供的真实输入—标签映射的依赖性并不高。

GPT 等大语言模型在不同标签对（无示例、正确标注、随机标注）下对下游任务的性能表现如图 5.6 所示。在进行下游任务性能比较时，采用了直接（Direct）与通道（Channel）两种不同推理方法，其中直接推理是在给定的上下文后，推理不同类别的概率，而通道推理则考虑了在给定类别后，推理上下文的概率。例如在情感分析的下游任务中，给定上下文为"这部电影真好看"，直接推理会比较"这部电影真好看 正面"和"这部电影真好看 负面"的概率。通道推理则比较"正面 这部电影真好看"与"负面 这部电影真好看"概率。从图中可以看出，无论是分类任务还是多项选择任务，随机标注设置下的模型表现均与正确标注相当，且明显超过无示例的零样本学习情况。

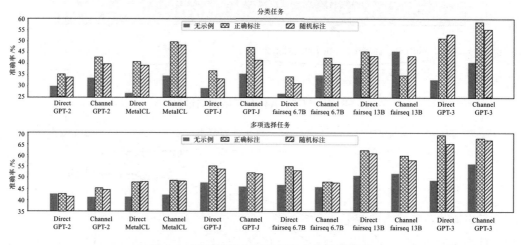

图 5.6　不同标签在下游任务中的性能表现

从图 5.6 中可以得出以下结论：

1）由样本示例确定的标签空间和输入文本分布对上下文学习至关重要，无论单个输入的标签是否正确。真正对上下文学习性能影响比较大的是 x 和 y 的分布，也就是输入文本 x 的分布和候选答案 y 的可能取值。在随机标注对 $<x_i, y_i>$ 中，虽然 y_i 不是正确答案，但它仍然属于候选答案集合 y。如果改变这两个分布，比如将 y 替换为候选答案集合之外的内容，那么上下文学习的效果将会急剧下降。

2）指定总体格式也至关重要。例如，在未知标签空间的情况下，使用随机英语单词作为标签明显优于不使用标签。

3）使用上下文学习目标进行元训练（meta-training）会放大这些效果，使模型更多地利用样本示例的简单方面（如格式），而不是输入—标签映射。

大语言模型可能未从所给示例中学习到映射函数 $y = f(x)$ 来解决新任务，而更可能是依赖预训练的先验知识。然而，若将新任务学习的定义拓宽，包括适应样本示例暗示的特定输入、标签分布和格式，并更准确地进行预测，那么可以认定模型确实从样本示例中获取了任务信息。预训练阶段的语言模型已经具备了执行任务的内在能力。这表明即使仅从简单的零样本准确率来看，语言建模目标也具有强大的零样本能力。然而，这也意味着上下文学习可能无法处理那些语言模型尚未捕捉到的输入—标签关联的任务。

样本示例和指令对语言模型具有相似的效果。这也表明对于遵循指令的模型，这些发现也适用：指令驱动模型恢复已有的能力，而非引导模型学习新的任务语义。相应的实验结果也显示，仅通过将每个未标记的输入与随机标签配对并作为样本示例，无须使用任何标记数据，也能实现接近少样本的性能。这意味着先前认定的零样本基线水平可能要高得多。这一发现对未来提升零样本性能具有重要的意义。

5.4.2　贝叶斯推断

采用贝叶斯框架来解释上下文学习的工作机制，能够更清楚地说明少样本学习的原理。贝叶斯框架基于如下假设：在大语言模型预训练的过程中，同一文档中的句子、段落、表格共享相同的底层语义信息（如主题）和格式（例如，问题和答案在问答页面中的交替出现）。文档级别的训练数据中存在长距离连贯性的潜在概念，这些连贯性在预训练期间被模型利用，以推断潜在概念。

在贝叶斯框架下，上下文学习被看作一个条件概率问题，具体来说，就是在给定预训练模型的知识和一系列提示信息的条件下，预测下一个词或短语的概率。这里的"预训练模型的知识"和"一系列提示信息"可以分别对应预训练分布和提示分布。因此，预训练分布是指在大规模文本预训练的过程中，模型学习到的跨文档的长距离连贯性的概念分布。这些概念分布被模型内部化，成为模型对世界的理解，也是模型对上下文理解的基础。提示分布则是指在上下文学习的过程中，通过一系列特定任务的训练样本（即提示），模型学习到的概念分布。这些提示概念被用来调整和改进模型对于特定任务的理解和响应，也就是说，它是模型对上下文的理解和适应的关键机制。

在贝叶斯框架下，预训练分布和提示分布共同构成了上下文学习的核心机制：前者提供了对世界的一般理解，后者则针对特定任务进行了调整和优化。假定 p 代表语言模型的预训练分布以及相关概率。通过少样本学习对上下文学习的提示概念进行贝叶斯推断，可以提升学习效果。如果模型能够推断出提示概念，那么它就可以利用这个概念对测试样例进行正确的预测。如式 5-1 所示，提示为模型提供了证据，增强了后验概率 $p(\text{concept} \mid \text{prompt})$ 分布的确定性。如果 $p(\text{concept} \mid \text{prompt})$ 主要集中在提示概念上，那么模型就可以有效地从提示中"学习"到概念，从而进一步提高选择相应提示概念的后验概率。

$$p(\text{output}|\text{prompt}) = \int_{\text{concept}} p(\text{output}|\text{concept},\text{prompt})\, p(\text{concept}|\text{prompt})d(\text{concept}) \quad （5\text{-}1）$$

然而，这里存在一种逻辑上的困扰，模型是从上下文示例中推断出提示概念的，但提示是从提示分布中采样得到的，而这可能与模型训练的预训练分布有很大的差异。提示将独立的训练示例连接在一起，因此在预训练分布下，不同示例之间的转换概率很低，这可能在推断过程中引入噪声。例如，将关于不同新闻主题的独立句子连接在一起可能会产生不常见的文本，因为没有一个句子具有足够的上下文。然而，就像在 GPT-3 中发现的那样，尽管预训练分布和提示分布之间存在差异，模型仍然能够进行贝叶斯推断。

只要信号的强度超过噪声的干扰，模型就能成功地进行上下文学习。在这里，信号被定义为给定提示条件下，提示概念与其他概念之间的 KL 散度，而噪声则被定义为源于示例之间转换的误差项。直观来说，如果提示可以使模型轻松地区分提示概念与其他概念，那么信号就很强。这表明，只要信号强度足够大，即使删除某种信息源（如删除输入输出映射）也是可以接受的，特别是在提示的格式没有变化，且输入输出映射信息在预训练数据中已经存在的情况下。这与传统的监督学习形成了对比，传统的监督学习在删除输入输出映射信息（如通过随机化标签）的情况下，将无法正常运作。

正如 5.4.1 节中讨论的一样，模型并不依赖于提示中的 $<x_i, y_i>$ 输入。只要输出 y_i 属于候选集合 y，即使 y_i 不一定与输入 x_i 相对应，模型也可以进行上下文学习。这意味着在上下文学习中，提示和它的所有组成部分（输入分布、输出空间和格式）都在提供"信号"，其目的是确定任务的概念分布，从而使模型能够更好地推断（定位）在预训练期间学习到的概念。由于在提示中将随机序列连接在一起，随机输入输出映射仍然会增加"噪声"。尽管如此，只要仍然有足够的信号（如正确的输入分布、输出空间和格式），模型仍然会进行贝叶斯推断。当然，拥有正确的输入输出映射仍然可以通过提供更多的依据和减少噪声来发挥作用，尤其当输入输出映射并不经常出现在预训练数据中时。

因此，贝叶斯框架揭示了上下文学习的原因，并为如何构建提示和它的所有组成部分（输入分布、输出空间和格式）提供了启示。

5.5　思维链的推理能力

为了进一步提高大语言模型在数学推理问题上的表现，谷歌大脑团队的 Jason Wei、Xuezhi Wang 等在 2022 年 1 月首次提出了思维链（Chain of Thought，CoT）的概念。简言之，思维链采用分治思想，根据不同的上下文学习模式（零样本学习、单样本学习和少样本学习），训练模型学习人类逐步的思考和推理过程。这使得模型具备了分治的推理能力，从而能够解决一些相对复杂的推理问题。

思维链最直接的应用方式是在提示中增加辅助的逐步提示，也被称为零样本学习思维链，这种方法虽然简单，但在众多领域都表现出了有效性。具体操作分为两个阶段（见图 5.7）：第一阶段，在零样本学习类型的提示上添加"让我们逐步地思考"这句提示语，模型会输出具体的推理过程；第二阶段，在第一阶段的问题后，拼接模型输出的具体推理过程，并再追加提示"因此，答案（阿拉伯数字）是"，此时模型会给出答案。

这样简单的操作就可以显著提升大语言模型在各项推理任务中的表现。比如，在数学推理测试集 GSM8K 上，通过添加提示后，推理准确率从原先的 10.4% 提升为 40.4%，如表 5.1 所示。

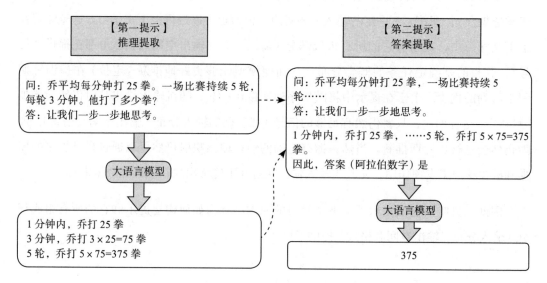

图 5.7 零样本学习思维链

表 5.1 零样本思维链与零样本学习对比

项目	数学能力					
	SingleEq	AddSub	MultiArith	GSM8K	AQUA	SVAMP
零样本学习	74.6/78.7	72.2/77.0	17.7/22.7	10.4/12.5	22.4/22.4	58.8/58.7
零样本思维链	78.0/78.7	69.6/74.7	78.7/79.3	40.4/40.5	33.5/31.9	62.1/63.7

项目	常识		其他推理任务		符号推理	
	常识问题	策略问题	数据理解	乱序问题	尾字母	抛硬币
零样本学习	68.8/72.6	12.7/54.3	49.3/33.6	31.3/29.7	0.2/-	12.8/53.8
零样本思维链	64.6/64.0	54.8/52.3	67.5/61.8	52.4/52.9	57.6/-	91.4/87.8

为何在现有的提示语上添加一句"让我们一步一步地思考"后，大语言模型能够提供详细的推理步骤并计算出答案呢？根据 5.4.2 节关于概念分布的贝叶斯推断的解释，很可能是由于预训练数据中存在大量此类样本，即以"让我们一步一步地思考"开头，接着是详细的推理步骤，最后给出答案。在预训练阶段，大语言模型学习了这些模式。当输入的提示语包括"让我们一步一步地思考"这句话时，大语言模型能够更好地推断在预训练期间学习到的逐步推导概念，从而能够对任务进行步骤推理并给出答案。

　　思维链的第二种应用方式是针对单样本学习类型的提示，如在单样本学习的样本示例中，添加人工写好的推理示例，示例中不但包括问和答，还包括针对问题的一步步的具体推理步骤，如图 5.8 所示。

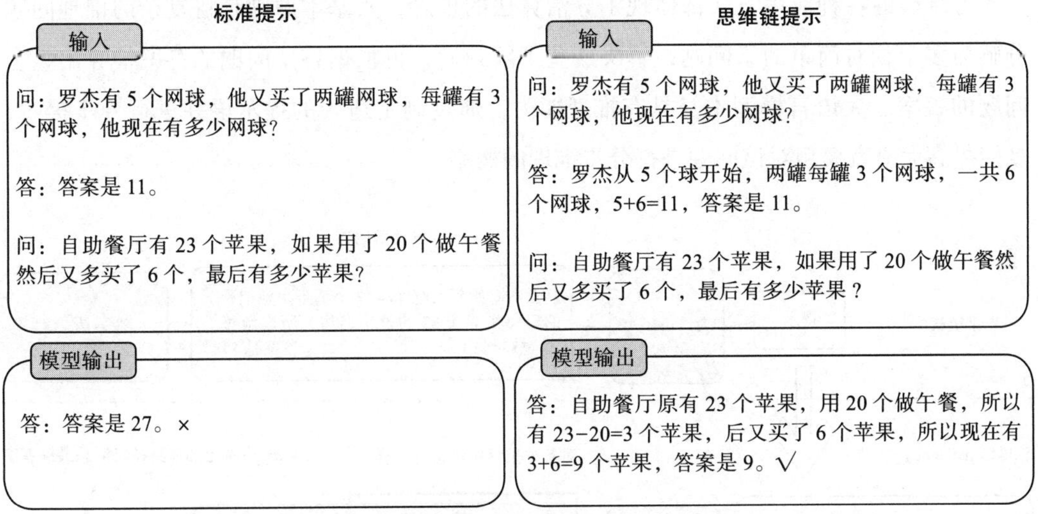

标准提示

输入

问：罗杰有 5 个网球，他又买了两罐网球，每罐有 3 个网球，他现在有多少网球？

答：答案是 11。

问：自助餐厅有 23 个苹果，如果用了 20 个做午餐然后又多买了 6 个，最后有多少苹果？

模型输出

答：答案是 27。×

思维链提示

输入

问：罗杰有 5 个网球，他又买了两罐网球，每罐有 3 个网球，他现在有多少网球？

答：罗杰从 5 个球开始，两罐每罐 3 个网球，一共 6 个网球，5+6=11，答案是 11。

问：自助餐厅有 23 个苹果，如果用了 20 个做午餐然后又多买了 6 个，最后有多少苹果？

模型输出

答：自助餐厅原有 23 个苹果，用 20 个做午餐，所以有 23−20=3 个苹果，后又买了 6 个苹果，所以现在有 3+6=9 个苹果，答案是 9。√

图 5.8　单样本学习的标准提示与思维链提示

　　单样本学习类型的提示的思维链就是在样本示例中增加推理过程，展示如何对大的问题进行分解。论文"Chain-of-Thought Prompting Elicits Reasoning in Large Language Models"中比较了标准的提示方法和基于思维链技术的提示方法在三种大语言模型（LaMDA、GPT、PaLM）上的表现。在这三种模型中，除了 GPT 由 OpenAI 发布外，其余两种均由 Google 发布。测试结果显示，具有 5400 亿个参数的 PaLM 模型在解决代表小学水平的数学推理问题集 GSM8K（GSM8K 最初由 OpenAI 于 2021 年 10 月提出）时，其准确率可达到约 60.1%。

　　思维链概念提出不久，2022 年 3 月，一项被称为 Self-Consistency 的改进技术就将 GSM8K 测试集准确率提高到 74.4%。如图 5.9 所示，Self-Consistency 的主要思想是：在少样本学习类型的提示的多个样本示例中，给出每个样本示例的推理过程示例，不同于前文提到的思维链的第二种应用方式，只输出一个任务的推理过程和答案，整个过程就结束了，Self-Consistency 要求模型输出多个不同的推理过程和答案，然后采用投票的方式选出最佳答案，并一步集成了"从一个提示问题拓展到多个提示问题、检查推理中间步骤的正确性以及对多个输出的回答加权投票"三个改进点，将 GSM8K 测试集的准确率提高到 83% 左右。

　　思维链的各种应用方式都体现了分治算法的理念，其基本原则是将复杂的推理问题分解为多个相对简单的子问题，解决这些子问题后，再根据各子问题的答案推导出整个问题的答案。大语言模型本身具有推理能力，通过制定适当的提示语并进行分步提示，就能提高大语言模型对该问题进行分步推理的概率。

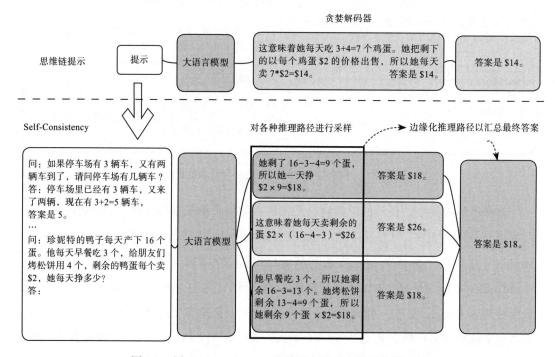

图 5.9　用 Self-consistency 改善语言模型中的思维推理链

　　对于不同语言的语料库，相应的分步提示语可能会有所不同。例如，在中文语料库中，与 Let's think step by step 意思相近的分步提示语可能为"详细解题思路如下"，而非直接的翻译"让我们逐步思考"。因此对于不同的思维链应用方式，必须从不同的语境出发，通过提示提高任务分解的后验概念分布，使大语言模型可以把一个复杂的推理问题分解成若干容易解决的子问题，从而提升其推理能力。

5.6　小结

　　GPT-3 是一款基于优化的稀疏 Transformer 解码器架构的超大规模模型，拥有高达 1750 亿个参数。随着模型规模的增长，GPT-3 在多种 NLP 任务中表现出显著的优势，同时也带来了显著的训练成本增加。为了减轻这种经济负担，GPT-3 采用了基于内容的学习方法，特别是使用了少样本学习策略。这种方法无须微调模型参数，只需在少量样本上学习任务相关知识，即可在新任务上取得良好的效果。

第 6 章

大语言模型的预训练策略

在大语言模型的预训练环节，数据量、参数规模、训练架构以及训练过程控制等因素成了关键的挑战。这些挑战可能导致预训练过程中出现诸如损失尖峰（loss spike）和模型难以收敛等问题。为了解决这些问题，可以通过组合多种训练策略，如预训练数据处理、训练架构选择、训练参数设定等，来提升预训练过程的稳定性和收敛性。

从 GPT-3 开始，OpenAI 开始采用部分闭源策略，一些关键的技术细节并未全面公开。例如，构建训练数据集的过程、所需的计算能力，以及超参数（如学习率、迭代次数或优化器）等方面的信息并未完全透露。为了更深入地探讨 ChatGPT 的预训练策略，本章将基于其他同等规模的大语言模型的公开资料进行分析和讨论。

6.1 预训练数据集

ChatGPT 模型基于 GPT-3.5 进行构建和改进，而 InstructGPT 则建立在 GPT-3.0 之上，两者都通过引入人工反馈，对原始模型进行了微调优化。如表 6.1 所示，GPT-3.0 在预训练阶段主要使用了维基百科、各类书籍、互联网爬取的网页（如 Common Crawl）、

WebText2 等数据集。相比之下，GPT-3.5 则更进一步，引入了 GitHub 等代码数据集、StackExchange 等对话论坛和视频字幕数据集。

1）维基百科。作为一个免费的多语言在线百科全书平台，维基百科汇集了超过300 000 名志愿者的智慧和努力。到 2022 年 4 月为止，英文版维基百科已经收录超过640 万篇文章，总词数超过 40 亿。维基百科的文本数据极具价值，其内容严谨、引文准确、语言描述清晰、涵盖范围广泛，因此研究实验室通常会选取其纯英文版本作为首选数据集。

表 6.1　训练 GPT-3 的数据集

数据集	数量级（token）	训练组合中的权重
Common Crawl(filtered)	4100 亿	60%
WebText2	190 亿	22%
Books1	120 亿	8%
Books2	550 亿	8%
Wikipedia	40 亿	3%

2）书籍。书籍数据集包括小说和非小说类别，主要用于训练模型的故事讲述能力和反应能力。这类数据集来源包括 Project Gutenberg 和 Smashwords（Toronto BookCorpus/BookCorpus）等。然而，值得注意的是，OpenAI 的 GPT-3 论文并未公开 Books1 数据集（120 亿 token）和 Books2 数据集（550 亿 token）的具体来源。关于这两个数据集的来源，学者们提出了几个假设，比如来自 LibGen18 和 Sci-Hub 的类似数据集，但由于这些数据集规模较大，可能并不完全符合 GPT-3 的数据集特性。

3）杂志期刊。杂志期刊数据集包含预印本和已发表期刊中的论文，为预训练提供了坚实且严谨的学术基础。学术写作通常具有更强的逻辑性、理性和细致性。这类数据集主要来源于 ArXiv 和美国国家卫生研究院等。

4）WebText。WebText 是一个大型数据集，其数据来源于社交媒体平台 Reddit 的所有出站链接，每个链接至少获得三个赞。这种方式反映了网络流行内容的趋势，有助于指导优质链接和后续文本数据的生成。

5）Common Crawl。自 2008 年至今，Common Crawl 已经成为一个大型的网站抓取数据集，包含原始网页、元数据和文本提取。它涵盖的文本信息包罗万象，涉及不同的语言和领域。因此，研究人员通常首选 Common Crawl 的纯英文过滤版（C4）作为数据集。

6）其他数据集。其他数据集包括 GitHub 等代码数据集、StackExchange 等对话论坛和视频字幕数据集。这些数据集在提升模型代码理解、对话交流和多模态信息处理等方面的能力上具有重要意义。

总结来说，GPT-3.0 和 GPT-3.5 模型在训练过程中利用了大量的数据集，这些数据集的多样性和丰富性保证了模型能够更好地理解和生成各种类型的文本，使得模型在各种应用场景中具有更高的实用性和灵活性。

6.2　预训练数据的处理

GPT-3 基于大约 3000 亿个 token 的数据集进行预训练，其中约 60% 源自精心筛选的 Common Crawl，其余部分则包括 WebText2（GPT-2 的训练语料库）、Books1、Books2，以及维基百科。此外，GPT-3.5 还融入了 GitHub Code 等代码数据集。不同数据集的采样比例并非与其规模成正比，而是依据数据质量进行优化。开源社区曾试图复刻 ChatGPT，但成功的尝试相对较少。一些公开模型如 OPT-175B 和 BLOOM-176B，其参数规模接近甚至超过 GPT-3，但性能却无法匹敌 GPT-3 原始模型。尽管如此，这些模型仍为本章讨论预训练数据处理中的关键问题提供了实践基础。

1）预训练数据的质量与数量。训练数据量在预训练模型中起着决定性的作用。例如，PaLM 和 GPT-3 的预训练数据量明显超过 OPT 和 BLOOM（见表 6.2），这意味着使用大规模的高质量语料库进行预训练是它们成功的关键因素之一。此外，数据质量对预训练模型的性能具有显著影响。例如，GPT-3 采用了一个高效的分类器对预训练数据集进行筛选，而 OPT 和 BLOOM 在训练过程中则未进行此类筛选。

表 6.2　大语言模型训练数据集

模型	预训练语料库的 token 数	在预训练过程中见过的 token 数
PaLM	7800 亿	7700 亿
GPT-3	5000 亿	3000 亿
OPT	1800 亿	3000 亿
BLOOM	3410 亿	3660 亿

2）预训练数据集去重。去重操作有助于防止模型在相同数据上过度拟合，进而提升模型的泛化能力。GPT-3 采用了文档级别的去重，而在 OPT 预训练的 Pile 语料库中，仍存在大量重复数据。

3）预训练数据集的多样性，包括领域、格式（如文本、代码和表格）及语言的多样性。OPT-175B 使用的是 RoBERTa、Pile 和 PushShift.io Reddit 数据集的组合，这些数据集主要包含英文文本，但通过 CommonCrawl 等多源数据的混合，训练语料库中包含少量的非英文数据。然而，BLOOM 使用的 ROOTS 语料库包含 46 种自然语言和 13 种编程语言的数百种来源的数据，相比 OPT-175B 具有更好的数据多样性。

需要注意的是，尽管数据多样性对训练通用大语言模型至关重要，但特定的预训练数据分布对大语言模型在特定下游任务上的性能会产生显著影响。例如，BLOOM 在多语言数据上的占比较高，因此它在多语言任务和机器翻译任务上表现更优。OPT 使用了大量对话数据（如 Reddit），这可能是其在对话任务中表现良好的一个原因。GPT-3.5 在代码数据集中的占比较高，这增强了该模型在处理代码相关任务的能力，也提高了它的思维链能力。尽管 BLOOM 在预训练过程中使用了代码数据，但其在代码和思维链任务上的表现仍然不佳。这表明仅依赖代码数据本身并不能确保模型在代码和思维链任务上具有优势。因此，为了进一步提高预训练语言模型的性能，研究人员可以关注以下几个方面：

1）对训练数据进行更精细的筛选，以确保数据质量。

2）对训练数据进行更有效的去重，以减少数据冗余和过拟合。

3）提高训练数据的多样性，以提高模型在不同任务和领域的泛化能力。

4）研究数据分布对模型在特定任务上性能的影响，以便更好地了解如何选择和组织预训练数据。

然而，GPT-3 预处理这些数据的具体细节或预训练数据本身的详细信息尚未公开。

6.3　分布式训练模式

大语言模型的一个显著特征是其不断扩大的模型规模。例如，GPT-3 模型的参数量达到 1750 亿，即使使用 1024 个 80GB 的 A100 GPU 进行训练，也需花费一个月的时间来完成。对于拥有 650 亿个参数的 Meta LLaMA 模型，更是采用了 2048 个 NVIDIA A100 GPU，并且训练周期长达 21 天。面对模型规模的持续扩大，相应的挑战也随之出现。面临的主要挑战如下：

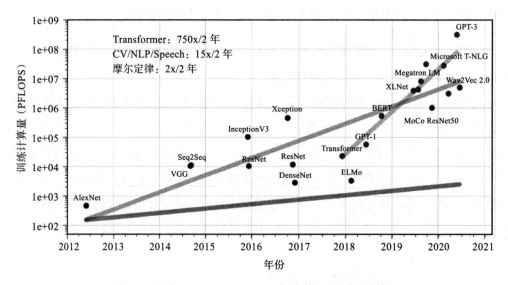

图 6.1　训练 SOTA CV、NLP 和语音模型所需的计算量

（图片来源：https://medium.com/riselab/ai-and-memory-wall-2cb4265cb0b8）

1）显存限制。即使是具有最大显存的 GPU 也无法容纳这些模型的全部参数。以 1750 亿个参数的 GPT-3 模型为例，该模型需要约 700GB（$175 \times 10^9 \times 4\text{Byte}$）的模型参

数空间，梯度占用 700GB，优化器状态占用 1400GB，总计约 2.8TB。

2）计算问题。即使能将模型放入单个 GPU 中（例如通过在主机和设备内存间交换参数），模型所需的大量计算操作也会导致训练时间过长（见图 6.1）。例如，训练 1750 亿个参数的 GPT-3，使用单个 V100 NVIDIA GPU，需要约 288 年的时间。

因此，随着提高芯片集成度对应的挑战不断增大，采用多节点集群进行分布式训练成为大语言模型训练的主要解决方案。目前，主流的分布式训练模式包括数据并行、模型并行，以及数据并行和模型并行的混合并行方法。

6.3.1　数据并行

数据并行是指在批处理的维度上进行划分，将不同的子批次分配到不同的设备上进行计算，如图 6.2 所示。每个设备独立地训练模型，使用分配给它的数据批次进行前向传播、反向传播和参数更新。在每个训练迭代之后，计算设备之间同步更新参数，以确保所有设备上的模型保持一致。数据并行主要用于处理大量数据，以提高训练速度。

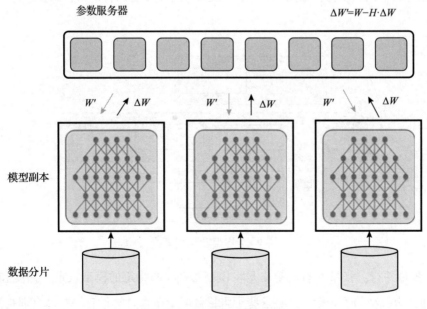

图 6.2　数据并行示意图

参数服务器（Parameter Server）是实现数据并行的一个典型例子。在这个例子中，每个设备都会存储同一份模型。然后，不同的节点取得不同的数据，各自完成前向和后向的梯度计算——这是 worker 的任务。然后，每个 worker 将各自计算得的梯度发送到主节点，即参数服务器。参数服务器负责进行更新操作，并将更新后的模型发送回各个节点。虽然数据并行的扩展通常表现良好，但它也存在两个主要的限制：

1）当超过一定阈值后，每个 GPU 的批处理规模会变得过小，从而降低了 GPU 的利用率，同时增加了通信成本。

2）可用的最大设备数量受到批处理规模的限制，同时限制了可用于训练的加速器数量。

6.3.2 模型并行

模型并行旨在克服单个计算设备（如 GPU）的内存限制，通过在多个设备上分布大型模型以进行训练。在模型并行设置中，模型的各个组成部分在不同设备上运行，每个设备都参与每个训练步骤，如图 6.3 所示。模型并行主要有两种形式：张量并行和流水线并行。

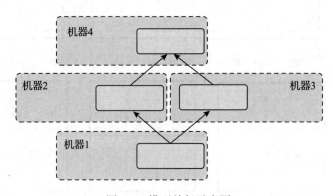

图 6.3 模型并行示意图

1）张量并行。张量并行的策略是将模型参数（如特定的模型权重、梯度和优化器状态）划分为较小的子张量，并将这些子张量分配给多个计算设备。在每个训练步骤中，每个设备独立处理其分配的子张量的计算任务，然后与其他设备进行通信以更新完整的参数张量。这种策略有助于减少单个设备上参数张量的大小，从而使得在有限的内存资源下训练更大的模型成为可能。

具体来说，张量并行涉及对模型参数的划分，这些参数将被分配到不同的设备上。这种方式涉及不同的分片方法，目前最常用的是一维分片，即按照某一个维度将张量划分（如横向或纵向切割）。未来可能会发展出更高维度的分片方法。如图 6.4 所示，以矩阵乘法为例，设 $XA=Y$，其中 X 是输入，A 是权重，Y 是输出。从数学角度看，线性层的处理方法是将矩阵分块计算，然后合并结果，而非线性层则无须额外设计。对于矩阵 A，可以选择按列或按行进行拆解：

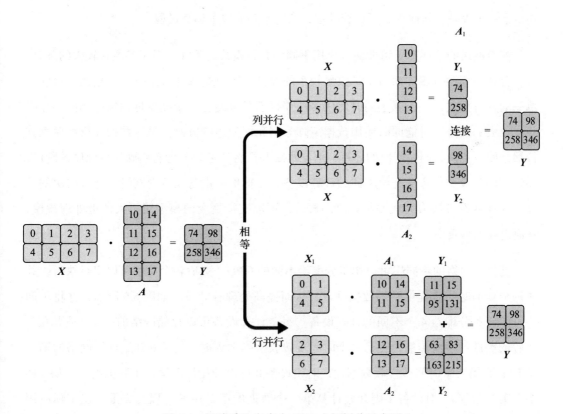

图 6.4 矩阵乘法在多个 GPU 之间拆分示意图

$$Y = X[A_1, A_2] = [XA_1, XA_2]$$
$$Y = [X_1, X_2]\begin{bmatrix} A_1 \\ A_2 \end{bmatrix} = X_1 A_1 + X_2 A_2 \qquad (6\text{-}1)$$

例如，将矩阵 A_1 和 A_2 分别放置到两块不同的 GPU 上，让两块 GPU 分别进行两部分矩阵乘法的计算，最后在它们之间进行通信以得到最终的结果。这种方法还可以扩展到更多的 GPU，以及其他可以进行分片的算子上。

2）流水线并行。流水线并行策略的核心是将模型划分为多个连续的阶段，其中每个阶段由一个或多个层组成，各阶段在不同的计算设备上执行。与流水线生产过程中的产品流动类似，训练数据在这些阶段之间流动。每个设备完成其阶段的计算后，将结果传递给下一个设备，从而提高了计算设备的利用率并加快了训练过程。

神经网络的不同算子可能适合应用不同的并行模式。例如，对于参数量较大的部分，可能会选择模型分割，而对于参数量较小的部分，则可能选择数据分割。相比于只使用单一的并行模式，一个算子同时使用多种并行模式可能进一步减少传输量。例如，在隐藏层较大的部分，可能同时使用数据矩阵分割和模型矩阵分割。虽然数据并行和模型并行都是使设备执行同一层次的计算，但流水线并行将任务划分为有明确先后顺序的阶段，并将不同阶段的任务分配给不同的计算设备，使得单一设备仅负责网络中部分层次的计算。这种多设备接力完成网络计算的模式，可以支持更大的模型或更大的批处理规模，从而提高训练效率。

例如，网络的不同层可以初步分配给不同的 GPU，然后各个阶段可以串行执行，并在每个新的时间步提供新的数据输入，从而提高处理吞吐量。如图 6.5 所示，并将不同阶段的任务分配给 4 个不同的计算设备。每个计算设备可以存储网络的一层（或几层），然后依次进行前向传播。在第一个时间步接收数据输入时，设备 0 开始计算网络的第一层 F_0；在第二个时间步接收数据输入时，设备 0 可以开始计算第二个数据的第一层（如果有第二数据），而设备 1 则开始计算第一个数据的第二层 F_1，以此类推。在实际应用中，流水线并行和张量并行通常并行存在，这两种方式是正交且互补的。但是，流水并行下游设备需要等待上游设备的计算完成，才可以开始计算，这降低了设备的平均使用率。在图 6.5 中，设备 1 需要等待设备 0 完成 F_0 计算才可以开始。同时，流水并行还存在流水线泡沫（Bubble）的问题，设备 1 从完成前向传播后（如果没有后续的数据）到反向传播开始，都处于空闲状态。

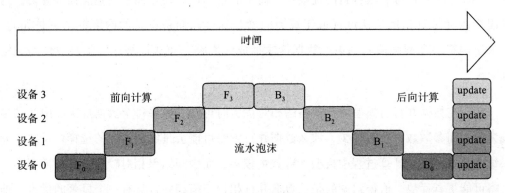

图 6.5　流水并行训练示意图

数据并行、张量并行、流水线并行三种并行模式从通用性、计算利用率、显存开销和通信量等方面的比较如表 6.3 所示。可以看出，数据并行具有强大的通用性和较高的计算与通信效率，但其显存总开销较大；张量并行的显存效率较高，但需要引入额外的通信开销，并且其通用性较弱；而流水线并行则具有较高的显存效率和较小的通信开销，但其可能存在流水线中的"气泡"问题。

表 6.3　三种并行模式的比较

特性	数据并行	张量并行	流水线并行
通用性	完全通用	只能在部分模型上使用，比如 CNN 就暂时不能进行张量并行	基本通用
计算利用率	在数据分配较均匀的情况下，计算设备的利用率损耗较低	需要经常进行中间结果的传输，计算设备的利用率有一定的损耗	流水线中存在气泡，计算设备的利用率有一定损耗
显存开销	每张卡上都保留相同的模型和优化器参数，总开销比较大	能将显存开销均匀地分摊到不同服务器上	如果模型不同层的参数量差异较大，则需要进行调整才能达到比较好的效果
通信量	只用传输不同 GPU 上的梯度，开销较小	需要经常将中间结果进行传输，通信开销比较大	只用在不同层之间传输隐藏层状态和反向梯度的值，通信开销较小

6.4　分布式训练的技术路线

分布式训练通常优于单机单卡训练，原因在于其能够支持更大规模的模型训练。然而，各种分布式训练有其各自的优缺点。简单的增加计算设备并不一定能提升算力，这是因为内存带宽的增长速度远低于算力的增长速度，而跨设备的网络带宽更是如此。受限于内存墙和网络墙的约束，数据传输量成为影响分布式训练速度和收敛性的关键因素。

在探究数据并行与模型并行策略的相对优劣时可知，如果每个数据批次的中间结果较为繁多而参数数量相对较少，那么数据并行策略可能会是更为恰当的选择；反之，如果每个数据批次在计算过程中模型参数数量较多，而中间结果相对较少，那么模型并行策略可能更具优势。值得强调的是，数据并行相较于模型并行具有一个显著的优点，即在数据并行中，通信过程可以更为顺利地与计算过程重叠，从而在一定程度上遮掩了通信时间，而在模型并行中，实现此种优化相对困难。

在训练大规模模型时，流水线并行具有优势。其数据传输量相对较小，仅为阶段之间需要传输的数据量之和，而不像数据并行与张量并行那样，传输量与整个计算图有关。因此，对于带宽较小的设备，可能会选择流水线并行。然而，在某些情况下，结合流水线并行与模型并行的方式可能优于单一的模型并行或流水线并行。同时，数据并行与模型并行也存在着潜在的优化空间，即计算时间可以掩盖传输时间。

随着大语言模型的兴起，对其基础模型 Transformer 的模型并行、流水线并行等并行模式的研究和工程实现已经成为当前学术和工业界的重要工作。例如，基于 Lingvo 开发的神经网络训练库 GPipe、微软的研究成果 PipeDream、英伟达的 Megatron-LM、Meta 的 FairScale、微软的 DeepSpeed ZeRO，以及 Google 的 Pathways 等。

目前，训练超大语言模型主要有两条技术路线：一是 Google 主导的，基于 TPU + XLA + TensorFlow/JAX 的技术路线，这种方案由于 TPU 和 Google 自家的云平台深度绑定；二是由 NVIDIA、Meta、Microsoft 等大厂支持的，基于 GPU + PyTorch + Megatron-LM + DeepSpeed 的技术路线，这是开源方案中最成熟的技术路线，实现了大规模预训练模型的并行策略。这两种方案都专门在多个 GPU 和节点上并行训练大语言模型设计，有效地解决了大语言模型训练中的内存和计算瓶颈问题，从而在有限的硬件资源下实现更大规模模型的训练。

6.4.1 Pathways

Pathways 是 Google 公司研发的一种异步分布式数据流架构，其设计初衷是针对机器学习应用场景。在这种架构中，模型的计算过程被构建为有向无环图（Directed Acyclic Graph，DAG），节点代表计算任务，边表示数据之间的依赖关系，如图 6.6 所示。Pathways 的主要目标是优化分布式训练的效率，尤其在处理大规模模型和数据集时更具优势。Pathways 的异步分布式数据流具有以下四大特性：

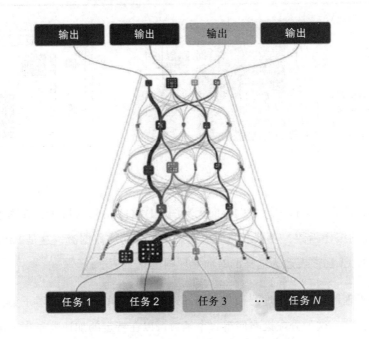

图 6.6　Google Pathways 异步分布式数据流

（图片来源：论文"Introducing Pathways: A next-generation AI architecture"）

1）灵活性。Pathways 架构支持并行计算模式的多样性，包括数据并行、张量并行和流水线并行。这使得 Pathways 能够灵活应对各种机器学习任务和硬件配置。

2）异步执行。Pathways 允许在满足输入数据依赖性的情况下立即执行计算任务，无须等待整个批次的任务全部完成。这种异步执行策略有助于降低计算资源的闲置时间，从而提高训练效率。

3）分布式处理。Pathways 可将计算任务分布在多个计算设备上处理，有助于充分利用可用的硬件资源，进一步提升训练速度和扩展性。

4）容错性。Pathways 支持容错机制，可以在计算设备出现故障时持续运行。因为在大规模分布式系统中进行长时间训练的任务时，设备故障较为常见。

图 6.7 为 Pathways 架构总览，包括以下三个主要部分：

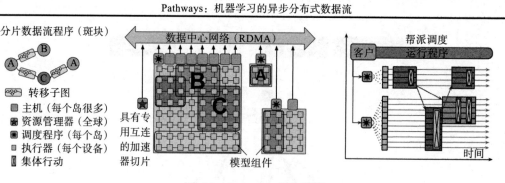

图 6.7　Pathways 架构总览

1）分布式计算。分布式计算以有向无环图（DAG）的形式展示，在图中，每个节点代表一个单独的编译函数，节点之间的边代表函数之间的数据流，这是 Pathways 架构的基础，所有的计算都被表达为这样的有向无环图。

2）资源管理器。资源管理器为每个编译好的函数分配一个加速器子集，这些子集被称为"虚拟切片"，这种分配策略使得每个函数可以在特定的加速器子集上运行，从而提高整体的计算效率。

3）帮派调度。每个岛屿都有一个集中调度器，负责对岛屿中的所有计算进行帮派调度。然后，这些计算被分派给每个分片的执行器进行执行。图中，客户模块出发的箭头表示控制消息，其他箭头表示数据路径传输。

Pathways 架构让模型的各个部分可以在多个设备上进行并行计算，实现模型并行。在 Pathways 的 DAG 表示中，每个节点都可以代表模型的一个子部分。因此，整个计算任务可以在多个设备上同时进行，以提高模型的训练速度。同时，Pathways 架构也支持数据并行，可以通过在多个设备上同时处理不同数据样本的子集来达到目标。在这种情况下，DAG 中的每个节点可以处理一个数据子集，然后将结果汇总到一个全局模型中。Pathways 架构能够适应各种并行策略，并且可以根据需要调整并行粒度，这意味着该架构可以灵活地根据实际需求选择模型并行、数据并行或它们的组合。

Pathways 架构的设计目标是充分利用现有硬件资源（如 GPU 和 TPU 等加速器）以提高机器学习任务的性能。虽然 Pathways 架构并不需要特殊的硬件支持，但其性能和效率与底层硬件资源的分布式计算能力密切相关。Pathways 架构可以在多个计算设备上分配任务，并利用设备之间的通信进行分布式计算。这意味着 Pathways 可以适应各种硬件配置，包括多 GPU 集群、多 TPU 集群或 GPU 和 TPU 的混合环境。

然而，为了最大限度地发挥 Pathways 架构的性能，使用具有高速通信能力的硬件设备和连接非常重要。例如，使用高速网络连接（如 InfiniBand 或高速以太网）可以显著提高跨设备之间的数据传输速度，从而提高分布式计算的性能。然而，需要注意的是，Pathways 的具体实现由 Google 开发，作为 Google 的内部项目，其实现细节和源代码并未完全公开。

6.4.2　Megatron-LM

Megatron-LM 是由 NVIDIA 研发并开源的深度学习工具，其源代码以及相关文档可在其 GitHub 仓库中查阅。Megatron-LM 可以与其他深度学习框架（如 PyTorch 和 TensorFlow）结合使用，进而在多种硬件和软件环境下实现大语言模型训练。Megatron-LM 采用在多个 GPU 和节点上并行训练大语言模型的策略，旨在在有限的计算资源下提高模型训练的效率。

Megatron-LM 将张量并行和流水线并行两种策略相结合，实现大型 Transformer 模型的高效训练。通过在多个 GPU 上分布式处理模型的权重和层，Megatron-LM 能够训练更大、更复杂的模型，尽管这需要在 GPU 之间传输数据并同步梯度。因此，有效的通信策略对于最小化通信开销至关重要。

Megatron-LM 并未创建新的模型并行框架或编译器，而是在现有的 PyTorch Transformer 实现的基础上进行针对性修改，只需插入一些简单的原语即可实现模型并行。这种方法直接、简单。Megatron-LM 特别对 Transformer 的以掩码多头注意力和前馈神经网络部分进行了算子拆分，从而实现这两部分的并行化。

如图 6.8 所示，以掩码多头注意力为例，Megatron-LM 首先利用了多头注意力操作的固有并行性，以列并行的方式对与键（K）、查询（Q）和值（V）相关联的小矩阵乘法（General Matrix Multiply，GEMM）进行分区，在单个 GPU 上本地完成与每个注意力头对应的矩阵乘法。这种方式使得每个注意力头的参数和工作负载可以在 GPU 中被分割处理，每个 GPU 产生部分输出。

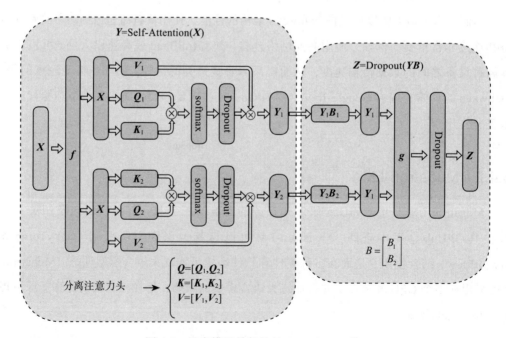

图 6.8　具有模型并行性的 Transformer 块

在后续的全连接层中，由于每个 GPU 都有部分输出，因此权重矩阵 **B** 按行切分，直接与输入的 Y_1、Y_2 进行计算，然后通过 All-Reduce 操作和 Dropout 得到最终结果 **Z**。在实际应用环境中，不必为每个头分配一个单独的 GPU，多个头可以共享一块 GPU，这并不违背单块 GPU 上独立计算的原则。因此，在设计过程中，优先将注意力头的总数设置为能被 GPU 数量整除的数值。

对于前馈神经网络部分，Megatron-LM 采用了类似的拆分策略。选择哪些算子进行切分主要取决于工作负载的特性，包括计算量、参数量和通信量等。在一个单模型并行 Transformer 层的正向和反向传播过程中，Megatron-LM 总共进行了 4 次通信操作。其中，自注意力层后面的线性层输出的后续 GEMM 沿着行进行并行化，并直接获取并行注意力层的输出，不需要 GPU 间的通信。这种用于多层感知器和自注意力层的策略融合了两组 GEMM 操作，消除了中间的同步点，从而提高了扩展性。这种设计使得在一个简单的 Transformer 层中执行所有的 GEMM 操作，仅在正向路径中使用 2 次 All-Reduce，反向路径中使用 2 次 All-Reduce，如图 6.9 所示。

Megatron-LM 对算子的切分的目标是减少通信并控制 GPU 计算的范围。并未让一个 GPU 独立计算 Dropout、层归一化或残差连接，并将结果广播给其他 GPU，而是选择跨 GPU 复制计算。

在 Megatron-LM 的架构中，模型并行性与数据并行性是正交的，如图 6.10 所示，Megatron-LM 的架构结合了张量和流水线并行来训练大语言模型，

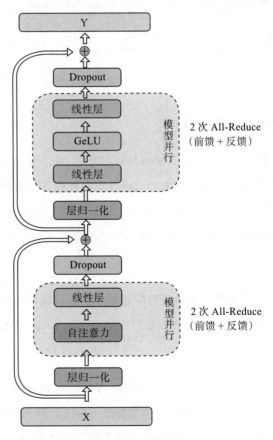

图 6.9　Megatron 架构中 Transformer 层的通信操作

使得大部分计算操作都是计算绑定的，而非内存绑定的。Megatron-LM 在设备上对计算图进行智能划分，以减少通过网络发送的字节数，同时也减少设备的空闲时间。这种被称为 PTD-P 的技术，能够以良好的计算性能（达到峰值设备吞吐量的 52%）在 1000 个 GPU 上训练大语言模型。PTD-P 利用跨多个 GPU 服务器的流水线并行，以及多个 GPU 服务器内部的张量并行和数据并行，在同一服务器和跨服务器的 GPU 之间都具有高带宽连接的优化集群环境中，训练具有一万亿参数的模型，并展现出良好的扩展性。

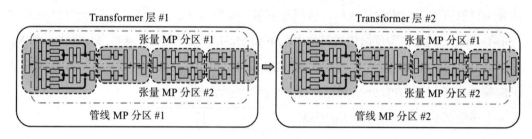

图 6.10　张量和流水线并行组合

6.4.3　ZeRO

ZeRO（Zero Redundancy Optimizer）是 DeepSpeed 的核心组成部分，它是一种减少训练过程中内存需求和通信开销的数据并行策略。ZeRO 的主要目标在于降低训练过程中的冗余信息，包括模型参数、优化器状态和梯度。通过在多个训练进程中分布式存储这些信息，ZeRO 实现了更高效的分布式训练，从而让更大规模的模型在有限的硬件资源下得以训练。

在训练大语言模型的过程中，混合精度训练（Mixed Precision Training）和 Adam 优化器已经成为标准，如图 6.11 所示。Adam 优化器使用每个参数梯度的一阶矩和二阶矩来动态调整学习率。

在模型训练阶段，ZeRO 将存储内容分为两类：模型状态和剩余状态。模型状态包括模型参数（fp16）、模型梯度（fp16）和 Adam 状态（fp32 的模型参数备份，fp32 的一阶矩和 fp32 的二阶矩）。假设模型参数量 Φ，则共需要 $2\Phi+2\Phi+(4\Phi+4\Phi+4\Phi)=4\Phi+12\Phi=16\Phi$ 字节存储，可以看到，Adam 状态占比为 75%。剩余状态包括激活值、各种临时缓冲区以及无法使用的显存碎片。

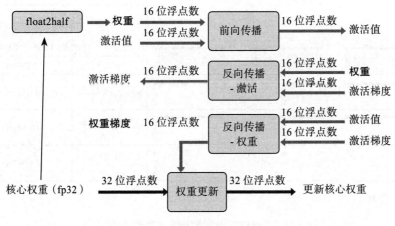

图 6.11　混合精度训练迭代

　　ZeRO 通过在数据并行进程中划分模型状态（参数、梯度和优化器状态），而不是复制它们，从而消除了数据并行进程中的内存冗余。在训练期间，它使用动态通信计划，在分布式设备之间共享必要的状态，以保持计算粒度和数据并行的通信量。在 ZeRO 驱动的数据并行下，每个设备的内存使用量随数据并行的程度线性扩展，并产生与数据并行相似的通信量。只要集群的设备内存足够大以共享模型状态，ZeRO 支持的数据并行就可以适应任意大小的模型。

　　ZeRO 有三个级别，分别对应对模型状态的不同程度的划分。

- ☐ ZeRO-1：划分优化器状态。
- ☐ ZeRO-2：划分优化器状态和模型梯度。
- ☐ ZeRO-3：划分优化器状态、模型梯度和模型参数。

　　ZeRO 三个级别的内存消耗和通信量如图 6.12 所示，Pos、Pos+g 和 Pos+g+p 分别对应将优化器参数分开存储、将优化器参数和模型梯度分开存储以及三部分参数都分开存储三种情况。前两种情况不会增加通信开销，而最后一种情况的通信开销只会增加 50%。

　　ZeRO 对于剩余状态的优化，也就是激活值、临时缓冲区以及显存碎片分别采用以下方式进行优化。

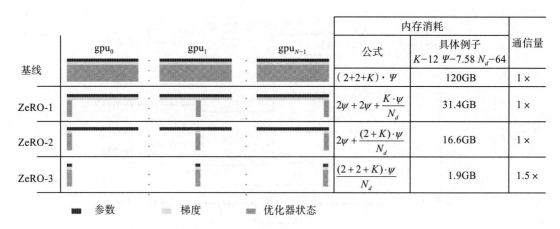

| | gpu$_0$ | gpu$_1$ | gpu$_{N-1}$ | 内存消耗 | | 通信量 |
				公式	具体例子 $K-12$ $\Psi-7.58$ N_d-64	
基线		:		$(2+2+K)\cdot\Psi$	120GB	1×
ZeRO-1		:		$2\psi+2\psi+\dfrac{K\cdot\psi}{N_d}$	31.4GB	1×
ZeRO-2		:		$2\psi+\dfrac{(2+K)\cdot\psi}{N_d}$	16.6GB	1×
ZeRO-3		:		$\dfrac{(2+2+K)\cdot\psi}{N_d}$	1.9GB	1.5×

■ 参数　　■ 梯度　　■ 优化器状态

图 6.12　ZeRO 三个级别的内存消耗和通信量

对于激活值，ZeRO 使用了划分方法，并配合了检查点技术。在模型前向传播的过程中，检查点技术保留了一些中间变量，以便反向传播计算梯度。这是一种以计算复杂度换取存储的策略。例如，对于矩阵乘法 $C=A\cdot B$，计算 A 和 B 的梯度需要保留 A 和 B 本身，A 和 B 的梯度计算公式如下：

$$\nabla A = \nabla C \cdot B^{\mathrm{T}}$$
$$\nabla B = A^{\mathrm{T}} \cdot \nabla C$$

（6-2）

这意味着反向传播需要存储 A 和 B 变量，这些变量会占用大量的内存空间。检查点技术的核心是只保留检查点的梯度，检查点之间的梯度则在反向传播的时候重新通过前向进行计算。这是一个以计算代替存储的折中方法。

对于临时缓冲区，模型训练过程中会创建一些大小不等的临时缓冲区，比如进行梯度的 All-Reduce 操作。解决办法是预先创建一个固定的缓冲区，训练过程中不再动态创建。如果要传输的数据较小，则多组数据分桶（bucket）后再一次性传输，从而提高效率。

对于显存碎片，出现的一大原因是使用了梯度检查点后，不断地创建和销毁那些不保存的梯度值。解决方法是预先分配一块连续的显存，将常驻显存的模型状态和检查点激活值存储其中，剩余显存用于动态创建和销毁废弃的激活值。

ZeRO-Offload 技术是将一部分计算任务和模型参数从 GPU 显存"卸载"（Offload）到 CPU 内存，让 CPU 参与部分计算任务，这可以极大地节省 GPU 显存，使得更大的模型能够在有限的硬件资源下训练。

由于 CPU 计算效率低于 GPU，为了避免 GPU 和 CPU 之间的通信开销，ZeRO-Offload 通过分析 Adam 优化器在 fp16 模式下的运算流程，设计计算任务的分配策略，只将部分需要计算的参数放在 CPU 上，其他的则放在 GPU 上。特别地，它通常将模型更新部分的计算交由 CPU 完成，使得 CPU 充当参数服务器的角色。同时为了提高效率，将通信和计算的过程并行起来，以降低通信对整个计算流程的影响，如图 6.13 所示。

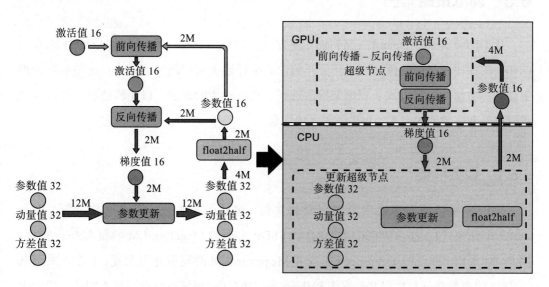

图 6.13　通信和计算的过程并行图

具体来说，GPU 在反向传播阶段，可以待梯度值填满存储桶后，一边计算新的梯度一边将存储桶传输给 CPU；当反向传播结束，CPU 基本上获取了最新的梯度值。同样的，CPU 在参数更新时也同步将已经计算好的参数传给 GPU，如图 6.14 所示。

ZeRO-Infinity 可以看作 ZeRO-3 的进阶版本，需要依赖于 NVMe 协议的支持。它可以将所有模型参数状态卸载到 CPU 以及 NVMe 上。得益于 NVMe 协议，除了使用 CPU 内存之外，ZeRO 可以额外利用固态存储设备，从而极大地节约了内存开销，加速了通信速度。

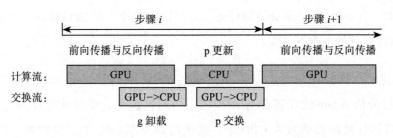

图 6.14　单个 GPU 上的 ZeRO-Offload 训练过程

6.5　训练策略案例

从 GPT-3 开始，OpenAI 已转向闭源方式。然而，OPT、PaLM 和 BLOOM 这些与 GPT-3 参数规模相近的模型，在其公开的论文中详述了它们的训练策略。这些策略为理解预训练数据的处理方式、训练架构的选择、训练参数的设定，以及其他影响预训练过程稳定性和收敛性的因素，提供了深入的视角。

6.5.1　训练框架

大语言模型的训练通常需使用模型并行（包括张量并行、流水线并行等）以及 ZeRO 式分布式优化。OPT 采用 ZeRO 的 FSDP 实现和 Megatron-LM 的模型并行实现；BLOOM 采用 ZeRO 的 Deepspeed 实现和 Megatron-LM 的模型并行实现；PaLM 采用基于 TPU 的模型并行和数据并行系统 Pathways。GPT-3 的训练系统细节尚不明确，但至少在某种程度上使用了模型并行。

6.5.2　参数稳定性

在训练过程中，保持参数稳定性对提高模型性能至关重要，过度调整可能导致模型稳定性受损。以 OPT 为例，它在训练过程中进行了多次调整，如更改了截断梯度范数、学习率以及优化器，并在最近的检查点处重启训练。这些频繁的调整可能是 OPT 未能达到预期效果的一个因素。相比之下，PaLM 实施了更为稳定的策略，几乎没有在训练过程中做出大的调整。当损失出现尖峰时，它仅从尖峰发生前约 100 步的检查点处重新启动训练，并跳过了 200 ~ 500 个批处理的数据。这种简洁的重启策略使得 PaLM 取得了巨大的成功。

6.5.3　训练设置的调整

为了实现更稳定的训练，对训练设置进行优化至关重要。例如，PaLM 通过实施多项改动，如使用改进版的 Adafactor 优化器、在 softmax 之前缩放输出的 logits、引入辅助损失使归一化趋近于 0、为词向量和其他层权重采用不同的初始化策略、在前馈神经网络层和层归一化中不使用偏置项以及在预训练期间不使用 Dropout 等，成功地提高了模型的稳定性。采用基于 DeepNorm 的后置层归一化和词向量层梯度收缩等，也有助于大语言模型的稳定训练。然而，OPT 和 BLOOM 并未采用这些优化方法，这可能是它们在训练稳定性和性能上不及 PaLM 的一个原因。

6.5.4　BF16 优化

模型训练过程中的稳定性可能会受到训练系统和硬件选择的影响。特别地，使用 BF16 格式存储模型权重和中间层激活值成为一个关键决策。如图 6.15 所示，BF16 格式的优势在于它拥有与 FP32 相同的指数位，因此相比于 FP16，BF16 更不容易溢出，尤其是在处理损失尖峰产生的大数值时。然而，FP16 的有限范围仍然可能导致训练过程中的问题，这使得模型权重必须保持较小，但在大语言模型中，溢出可能成为常态。

值得注意的是，BF16 和 FP16 的存储大小相同，都为 2 字节，因此在使用 BF16 时，可能会暴露出其精度较低的问题。无论是使用 BF16 还是 FP16，都会有一个权重副本始终以 FP32 的形式存在——这是优化器更新的目标。因此，16 位格式主要用于计算，优化器在全精度 FP32 下更新权重，然后将这些权重转换为 16 位格式进行下一次迭代。

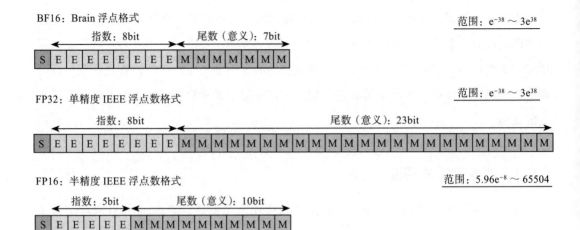

图 6.15　浮点格式示意图

　　然而，在 GPU 上一直以来主要使用的是 FP16，这是 V100 混合精度训练的默认选择。OPT 采用的就是 FP16，这可能是其训练稳定性不足的一个因素。另外，BLOOM 的训练报告也指出了 FP16 损失的不稳定性，并通过使用 BF16 混合精度训练进行了优化。

6.5.5　其他因素

　　这些因素可能不是决定训练稳定性的核心因素，但它们仍然会影响模型的最终性能。例如，PaLM 和 GPT-3 在训练过程中逐渐增加了批处理规模，这被证明可以提高大语言模型的性能，而 OPT 和 BLOOM 则选择了使用固定的批处理规模。另外，激活函数的选择也会影响模型性能，例如，OPT 使用 ReLU，而 PaLM 采用 SwiGLU，GPT-3 和 BLOOM 则选择了 GeLU，一般而言，GeLU 和 SwiGLU 在训练大语言模型时的性能更佳。

　　为了更好地解决输入的长序列问题，PaLM、BLOOM、GPT-3 和 OPT 选择了不同的位置信息编码方式：PaLM 使用旋转位置嵌入 RoPE；BLOOM 使用 ALiBi 位置信息，该方法不会在词嵌入中直接添加位置嵌入，而是用与其距离成比例的惩罚项偏置查询键的注意力评分；GPT-3 和 OPT 选择了可学习的相对位置编码策略。这些差异可能会影响模型在处理长序列时的性能。这些例子明确地展示了在模型的预训练过程中，多个因素可能会共同影响模型的最终性能。

6.6　小结

本章探讨了大语言模型的预训练策略。首先，对预训练数据集的构建和选择进行了深度审视，强调了数据多样性和高质量对于模型性能的决定性影响。其次，对预训练数据的处理方式进行了详细介绍，包含数据清洗、去重和数据增强等技术，旨在增强模型的泛化能力和稳定性。

在涉及分布式训练的讨论中，研究重点在于数据并行和模型并行的策略，这些策略有助于显著降低训练时间和计算资源需求。在分布式训练架构的部分，主要介绍了 Pathways、Megatron-LM 和 DeepSpeed Zero 等，以便实现高效的分布式训练。

最后，列举了一些大型自然语言处理模型训练策略的实例，包括选择训练框架、调整模型架构和训练设置，以及 BF16 优化等方面。这些策略对于应对损失尖峰和模型收敛问题具有重要价值。

虽然本章主要基于公开的其他大型自然语言处理模型（参数规模相似）的资料进行分析，但这些策略和方法具有广泛的适用性，对于理解和优化诸如 ChatGPT 等大型自然语言处理模型的预训练过程具有参考价值。随着计算能力的提升和更多创新方法的涌现，期望在大语言模型的预训练策略方面取得更多突破。

第 7 章

近端策略优化算法

近端策略优化（Proximal Policy Optimization，PPO）算法是一种策略梯度方法，它在线学习的应用上与 Deep Q Network（DQN）等其他主流强化学习方法有显著差异。特别是，策略梯度方法并不依赖于历史经验的回放，而是直接利用智能体在环境中接触到的实时数据进行学习。Actor-Critic 算法改进了传统的策略梯度方法，采用值函数（Critic）来指导策略（Actor）的优化，使得学习过程更加稳定和高效。TRPO（Trust Region Policy Optimization）算法是一种特殊的 Actor-Critic 算法，它通过在策略空间定义一个信赖区域来进一步提高学习的稳定性。TRPO 算法只允许策略在信赖区域内进行更新，避免了由于过度更新导致的学习不稳定问题。

PPO 算法在 TRPO 算法的基础上进行了改进。它采用近端策略优化的方式，限制了参数更新的幅度，以确保更新后的策略函数仍然与旧的策略函数接近。PPO 算法的提出为复杂任务的强化学习应用开辟了新的可能性。特别是在 ChatGPT 和 InstructGPT 等大语言模型的微调过程中，PPO 算法已被证明是一种高效的优化方法。本章将从传统的策略梯度方法、Actor-Critic 算法及 TRPO 算法出发，深入探讨 PPO 算法的原理。

7.1　传统的策略梯度方法

7.1.1　策略梯度方法的基本原理

策略梯度（Policy Gradient）方法是一种直接优化策略的强化学习算法。在策略梯度方法中，智能体通过与环境的交互来学习最优策略。策略梯度方法的核心思想是在参数化策略空间中，沿着策略梯度方向对策略参数进行更新，从而使得累积奖励期望值最大化。策略是一个从状态空间到行动空间的映射，策略梯度方法使用神经网络（例如深度神经网络）来模拟策略，并通过计算策略梯度来优化它。

设 $\pi_\theta(a|s)$ 是由参数 θ 定义的策略，其中 s 是状态，a 是动作，θ 是策略参数。策略梯度方法旨在找到最优策略参数 θ^*，使得期望奖励最大化，损失函数通常采用负期望最小化，公式如下：

$$L(\theta) = -E[\sum\nolimits_{t=0}^{T} \gamma^t * r(s_t, a_t) | \pi] \tag{7-1}$$

其中，θ 表示神经网络参数，T 为时间步长上限，γ 为折扣因子，$r(s_t, a_t)$ 表示在时间 t 的状态 s_t 下采取行动 a_t 所获得的奖励。策略梯度方法的目标是找到参数 θ，使得损失函数最小化（即期望奖励最大化）。为了实现这个目标，需要计算策略梯度，即策略参数 θ 关于期望奖励的梯度。使用梯度上升算法，可以沿着梯度方向更新策略参数 θ。策略梯度可以表示为：

$$\nabla_\theta E[\sum\nolimits_t r_t] = E[\sum\nolimits_t \nabla_\theta \log \pi_\theta(a_t|s_t) * r_t] \tag{7-2}$$

其中，∇_θ 表示对参数 θ 求梯度，a_t 和 s_t 分别是时刻 t 的动作和状态。为了估计策略梯度，可以让智能体与环境交互，收集一系列轨迹（trajectory）。每个轨迹包含一系列的状态、动作和奖励。通过计算这些轨迹的经验梯度，可以得到策略梯度的无偏估计，然后利用这个梯度来更新策略参数 θ。

例如，轨迹用 τ 表示，则 τ 表示智能体与环境交互下状态 s、动作 a、奖励值 r 不断变化的过程：

$$\tau = (s_1, a_1, r_1, s_2, a_2, r_2, \dots, s_t, a_t, r_t) \qquad （7\text{-}3）$$

如图 7.1 所示，给定智能体（或称为演员）的策略参数 θ，可以计算出某一条轨迹 τ 发生的概率。这个概率是在特定的环境状态下，智能体采取特定动作的结果。每一个特定的状态和对应的动作都是从智能体的动作概率分布 $p_\theta(a_t|s_t)$ 和状态的转换概率分布 $p(s_{t+1}|s_t, a_t)$ 中采样得到的。

$$p_\theta(\tau) = p(s_1)\prod_{t=1}^{T} p_\theta(a_t|s_t)p(s_{t+1}|s_t, a_t) \qquad （7\text{-}4）$$

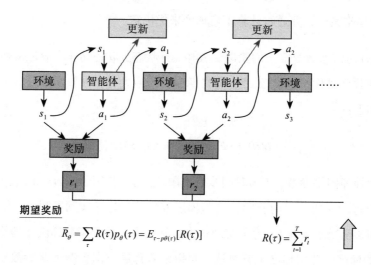

图 7.1　智能体与环境交互下奖励值累积

智能体与环境在相同的参数 θ 时有多条轨迹，由于每一条轨迹 τ 都有其对应的发生概率，对所有 τ 出现的概率与对应的奖励进行加权后求和，即可得到期望值：

$$\nabla\bar{R}_\theta = \sum_\tau R(\tau)\nabla p_\theta(\tau) = E_{\tau\sim p_\theta(\tau)}[R(\tau)\nabla\log p_\theta(\tau)] \qquad （7\text{-}5）$$

采用蒙特卡罗方法进行近似求解：

$$\nabla\bar{R}_\theta = \frac{1}{N}\sum_{n=1}^{N}\sum_{t=1}^{T_n} R(\tau^n)\nabla\log p_\theta(a_t^n|s_t^n) \qquad （7\text{-}6）$$

用梯度来更新参数，将 θ 更新为 θ 加上学习率 η 乘以梯度 $\nabla\bar{R}_\theta$，学习率可用 Adam、RMSProp 等方法调整，即

$$\theta \leftarrow \theta + \eta \nabla \bar{R}_\theta \qquad (7\text{-}7)$$

策略梯度方法的优点在于，它能够直接优化策略，而不需要估计动作值函数或状态值函数。这使得策略梯度方法在处理高维连续动作空间和复杂环境时具有优势。

7.1.2　重要性采样

在策略梯度方法中，重要性采样是一种关键技术，主要用于解决策略参数更新后，如何有效利用先前采样数据的问题。重要性采样的主要目标是从一个分布（即参考策略）去估计另一个分布（即目标策略）的期望值。在策略更新过程中，可以借助重要性采样从旧策略中抽取轨迹，并使用这些轨迹来估计新策略下的期望回报，如图 7.2 所示。这种方法省去了重新采样的需求，从而显著提高了计算效率。

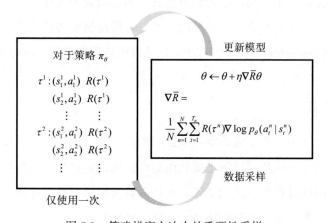

图 7.2　策略梯度方法中的重要性采样

在策略梯度方法的应用中，主要关注目标策略 π_θ 下状态动作对的期望回报。当策略参数从 θ 更新为 θ' 后，对于在 θ 下采用的同一条轨迹，由于策略参数的变化，同样状态 s 下动作 a 的概率将从 $p_\theta(s,a)$ 变为 $p_{\theta'}(s,a)$。为了能够重用轨迹 τ，需要重新计算期望回报 $R(\tau)$，公式如下：

$$\nabla \bar{R}_{\theta'} = \frac{1}{N} \sum_{n=1}^{N} \sum_{t=1}^{T_n} R(\tau^n) \nabla \log p_{\theta'}(a_t^n \mid s_t^n) \qquad (7\text{-}8)$$

这种方式可以从参考策略 π_θ 中采样轨迹，并利用重要性采样技术来估计目标策略 $\pi_{\theta'}$ 的期望回报。在实际应用中，每当策略变化时，通常可以利用已有的轨迹信息进行更新，而不需要重新采样。

但是，当目标策略和参考策略存在较大差异时，重要性采样的估计可能产生较大的方差。这是因为需要对轨迹进行加权，权重的稳定性可能大打折扣。另外，由于环境的随机性和策略的变动性，回报的估计可能具有较大的方差。较大的方差可能导致梯度估计不稳定，从而影响学习过程。同时，策略梯度方法依赖于从策略中采样的轨迹，这些轨迹之间可能存在较强的相关性，这种相关性可能导致梯度估计具有较大的方差，从而影响算法的稳定性和收敛性。

为了应对这些挑战，通常会引入优势函数以减小方差。优势函数用于衡量在当前状态下采取某一动作相对于平均回报的优势程度。通过减去平均回报，可以得到更稳定的优势估计，从而有助于减小重要性采样的方差，并提高梯度估计的稳定性。然而，尽管优势函数可以帮助减小方差，但在实践中准确估计优势函数仍是一项挑战。

7.1.3　优势函数

在策略梯度方法中，为了提升学习效能和增强算法的稳定性，研究人员引入了一种称为优势函数的技术。优势函数的主要功能是评估在特定状态下执行特定动作相对于当前策略平均性能的优越程度。换句话说，优势函数能够帮助确定在特定状态下选择特定动作可能带来的额外收益。优势函数 $A_\pi(s,a)$ 的定义如下：

$$A_\pi(s,a) = Q_\pi(s,a) - V_\pi(s) \tag{7-9}$$

其中，$Q_\pi(s,a)$ 代表动作值函数，即在状态 s 下执行动作 a，并按照策略 π 的预期总奖励；而 $V_\pi(s)$ 是状态值函数，即在状态 s 下按照策略 π 的预期总奖励。因此，优势函数实际上度量了执行某一动作 a 相对于在状态 s 下策略 π 的平均性能的优势。

一旦引入优势函数，就可以重写策略梯度的计算公式：

$$\nabla_\theta E[\sum_t r_t] = E[\sum_t \nabla_\theta \log \pi_\theta(a_t | s_t) * A_\pi(s_t, a_t)] \qquad （7\text{-}10）$$

优势函数的引入，减小了相对于原始奖励信号的方差，从而增强了策略梯度估计的稳定性和准确性。这是因为优势函数消除了与状态值函数相关的部分，使策略梯度估计更专注于动作的相对优势。策略梯度方法可以更迅速地识别并优化有利动作，从而加快收敛速度。

虽然优势函数的引入带来了一些好处，但其计算需要同时估计动作值函数 $Q_\pi(s,a)$ 和状态值函数 $V_\pi(s)$，这增加了计算复杂度。

7.2　Actor-Critic 算法

Actor-Critic 算法是一种融合了策略梯度方法和值函数（也称为价值函数）逼近方法的强化学习算法，如图 7.3 所示。此算法的独特之处在于，智能体的策略和值函数分别被 Actor（策略生成器）和 Critic（值函数评估器）来学习。Actor 负责生成策略，Critic 负责评估策略的效果。

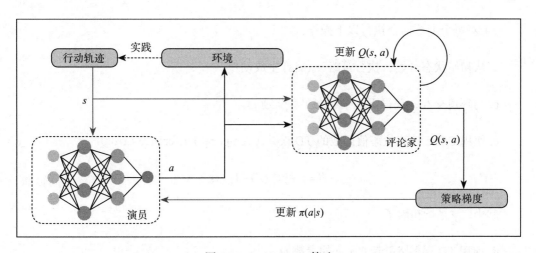

图 7.3　Actor-Critic 算法

传统的策略梯度方法在梯度估计上往往具有较大的方差，这可能会导致学习过程不稳定。为了解决这个问题，Actor-Critic 算法引入了 Critic 以学习值函数，从而减小策略梯度的方差。Critic 的输出可以作为基线（Baseline）用于计算策略梯度，从而有效地减小方差并提高学习的稳定性。

在传统的策略梯度方法中，通常采用蒙特卡罗方法来估计回报。尽管这种方法是无偏的，但其方差较大。与此相反，Actor-Critic 算法使用值函数来估计回报，虽然是有偏估计，但方差较小。这种权衡使 Actor-Critic 算法在学习过程中表现出更高的稳定性。

在 Actor-Critic 算法中，Actor 和 Critic 由不同的函数逼近器（如神经网络）表示。Actor 采用参数化策略 $\pi_\theta(a|s)$ 生成动作，其中 θ 是策略参数。Critic 采用参数化值函数 $V_\psi(s)$ 评估在当前策略下各状态的期望总奖励，其中 ψ 是值函数参数。通过 Actor 和 Critic 的交互，智能体能够在学习过程中更好地平衡探索与利用。

7.2.1 Actor-Critic 算法的基本步骤

Actor-Critic 算法的基本步骤如下：

1）初始化策略参数 θ 和值函数参数 ψ。

2）对每个训练回合执行以下操作：

a. 从初始状态开始，执行策略 $\pi_\theta(a|s)$ 生成动作。

b. 与环境交互，获得下一个状态 s' 和奖励 r。

c. 使用 Critic 计算状态值函数的 TD 误差（Temporal Difference Error）：

$$\delta = r + \gamma V_\psi(s') - V_\psi(s)$$

其中，γ 是折扣因子。

d. 使用 TD 误差 δ 更新 Critic 的参数 ψ。

e. 使用 TD 误差 δ 作为优势函数，更新 Actor 的策略参数 θ：

$$\theta = \theta + a\nabla_\theta \log\pi_\theta(a\,|\,s) * \delta$$

其中，a 是学习率。

f. 若回合结束，则进入下一个回合，否则将 s' 设置为当前状态 s，重复步骤 a ～ f。

7.2.2　值函数与策略更新

在 Actor-Critic 算法中，值函数与策略更新之间具有紧密的联系。Critic 部分负责学习值函数，这是为了评估在各种状态下当前策略的期望总奖励。另外，Actor 部分利用从值函数获取的信息来更新策略。值函数与策略更新之间的关系主要表现在以下几个方面：

1）优势函数估计。在 Actor-Critic 算法中，Actor 使用优势函数作为策略更新的基础，而优势函数的计算则依赖于 Critic 提供的值函数信息。将优势函数纳入策略更新公式可以实现更稳定、更高效的策略学习。

2）TD 误差作为学习信号。在 Actor-Critic 算法中，Actor 使用 Critic 计算的 TD 误差作为策略更新的学习信号。TD 误差实际上反映了当前策略在实际经验与值函数预测之间的差异。因此，Actor 可以根据 Critic 的评估来调整策略。

3）自适应的探索与利用平衡。Critic 提供的值函数信息使 Actor 能够在一定程度上自适应地调整探索策略。Actor 根据值函数的信息来选择动作，这样既可以确保效果的利用，又可以根据不同状态下的值函数值调整探索强度，从而实现更有效的探索。

4）双重学习过程。在 Actor-Critic 算法中，Actor 和 Critic 分别学习策略和值函数。这种双重学习过程使得智能体可以在策略和值函数之间相互借鉴信息，加速学习过程。同时，这种结构也有助于减小策略梯度的方差，提高学习稳定性。

7.2.3　Actor-Critic 算法的问题与挑战

尽管 Actor-Critic 算法在很多方面克服了传统的策略梯度方法的局限性，但它仍然存在一些问题和挑战，包括：

1）双网络训练稳定性。在 Actor-Critic 算法中，Actor 和 Critic 使用两个不同的函数逼近器（如神经网络）进行训练。这使得算法需要同时管理两个网络的训练过程，可能导致训练不稳定。如果 Critic 的估计不准确，可能会误导 Actor 进行错误的策略更新。

2）探索策略的问题。尽管 Actor-Critic 算法在一定程度上可以实现自适应探索，但它仍然依赖于一些基础的探索策略（如添加噪声）。在一些复杂的环境中，这种基础的探索策略可能无法实现高效的探索。

3）超参数调整。Actor-Critic 算法涉及多个超参数（如学习率、折扣因子等），需要对这些超参数进行精细调整以达到最佳性能。然而，在实际应用中，寻找最佳的超参数组合可能是一个困难且耗时的过程。

4）样本复杂度。尽管相对于传统的策略梯度方法，Actor-Critic 算法在学习效率和稳定性方面有所改进，但它仍然需要大量的样本进行训练。在现实世界中，收集大量样本既昂贵又不可行。

7.3　信任域策略优化算法

信任域策略优化（Trust Region Policy Optimization，TRPO）算法是对 Actor-Critic 算法的扩展，旨在解决传统的策略梯度方法和基本的 Actor-Critic 算法中策略更新不稳定的问题。TRPO 的核心在于对策略的更新幅度进行限制，确保每次策略的变动都在一个预定的信任域（Trust Region）内，从而提高策略学习的稳定性和收敛性。

7.3.1　TRPO 算法的目标

TRPO 在保证策略改进的同时，限制新策略与旧策略之间的 KL 散度（Kullback-Leibler Divergence）。如图 7.4 所示，KL 散度是一种度量两个概率分布相似性的指标。通过对新旧策略之间的 KL 散度施加限制，TRPO 能够避免过大的策略更新，从而减少更新的不稳定性。

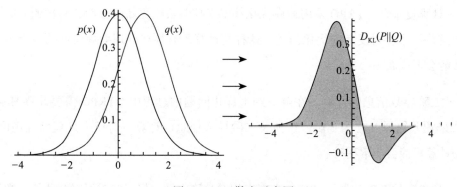

图 7.4　KL 散度示意图

为了达到这个目标，TRPO 在每次策略更新时需要解决以下约束优化问题。

最大化

$$E[\pi_{\theta_{new}}(a\,|\,s)\,/\,\pi_{\theta_{old}}(a\,|\,s)*A_{\theta_{old}}(s,a)] \tag{7-11}$$

满足以下约束：

$$E[\mathrm{KL}(\pi_{\theta_{old}}(a\,|\,s)\,\|\,\pi_{\theta_{new}}(a\,|\,s)] < \delta \tag{7-12}$$

这里，E 表示期望，$\pi_{\theta_{old}}(a\,|\,s)$ 是旧策略下的优势函数值，KL 表示 KL 散度，δ 是一个预设的阈值。通过解决这个约束优化问题，TRPO 能够在保证策略改进的同时，控制策略的变动，实现更稳定的学习过程。

通过引入 KL 散度限制策略更新的幅度，TRPO 能够避免不稳定的策略更新，从而增强学习过程的稳定性。此外，通过限制策略更新的幅度，TRPO 在优化过程中能够避免跳过最优解，从而提高收敛性能。这使得策略更新更加鲁棒，即使在面对复杂环境和噪声时，也能保持稳定的学习过程。

7.3.2　TRPO 算法的局限性

TRPO 通过引入 KL 散度限制来增强策略更新过程的稳定性、收敛性能和鲁棒性，因此在许多强化学习任务中取得了显著的性能提升，但是它也存在局限性，包括：

1）计算复杂性。TRPO 采用约束优化技术来控制策略更新的幅度，每次的策略更新都需要解决一个相对复杂的优化问题。这种高计算复杂性在处理大规模问题或者实时应用时可能会形成瓶颈。

2）二阶导数信息的计算。在解决约束优化问题的过程中，TRPO 需要计算 Hessian 矩阵或采用共轭梯度法等手段，这涉及二阶导数信息的计算。对于大规模的神经网络，这样的计算可能会非常耗时。

3）超参数的调整。尽管 TRPO 表现出相对的稳定性，但仍然需要对某些超参数进行调整，如 KL 散度的阈值 δ。在实际应用中，寻找最优的超参数组合可能是一个既困难又耗时的过程。

4）对离散动作空间的处理。TRPO 在连续动作空间中表现优秀，但在离散动作空间中性能相对较弱。这主要是因为在离散动作空间中，限制 KL 散度的方法可能导致策略更新过于保守。

7.4 PPO 算法的原理

PPO 算法通过更新策略来提升智能体的性能。相较于传统的策略梯度方法，PPO 算法引入了包含剪切操作的目标函数，该函数能确保新的策略更新不会过分偏离当前策略，因此，PPO 算法避免了像 TRPO 算法那样需要引入复杂的 KL 散度或约束。在算法实现中，PPO 采用了两个交替运行的线程，其中一个线程与环境交互以生成轨迹，另一个线程则收集这些轨迹并基于 PPO 目标函数进行策略网络的训练。在各种强化学习任务中，PPO 算法已经展现出了与 TRPO 算法相匹敌甚至更优秀的性能。其最终的损失函数由剪切的 PPO 目标函数、价值估计损失和熵项损失三部分组成。

1）剪切的 PPO 目标函数。这部分的目标是优化策略，使得它能够获得更好的预期回报。其表达式如下：

$$L^{\text{CLIP}}(\theta) = E_t[\min(r_t(\theta)\hat{A}_t, \text{clip}(r_t(\theta), 1-\varepsilon, 1+\varepsilon)\hat{A}_t)] \qquad （7-13）$$

目标函数由两部分组成，在第一部分中，$r_t(\theta)$ 表示新策略与旧策略之间的概率比率，$\hat{A}_t$ 表示在状态 t 处的优势估计，$r_t(\theta)\,\hat{A}_t$ 为标准的策略梯度目标，用于引导策略向具有高优势的动作方向发展。第二部分与第一部分相似，但包含了一个截断版本的 $r_t(\theta)$，它在 $1-\varepsilon$ 和 $1+\varepsilon$ 之间进行截断，ε 是预设的超参数，用于限制 $r_t(\theta)$ 的变化范围，通常取 0.2。最后，将两部分通过 min 操作符结合，得到最终结果。值得注意的是，目标函数中的剪切操作有助于防止新的策略更新过度偏离当前策略。

2）价值估计损失。这部分的目标是优化价值函数，使得它能够更准确地估计状态的价值。其表达式如下：

$$L^{\mathrm{VF}}(\theta) = E_t[(V(s_t) - V_{\mathrm{target}})^2] \tag{7-14}$$

其中，$V(s_t)$ 表示价值函数对状态 s_t 的估计，V_{target} 表示实际的回报。

3）熵项损失。这部分的目标是增加策略的熵，以鼓励更多的探索。其表达式如下：

$$L^{\mathrm{Entropy}}(\theta) = -E_t[\textstyle\sum_a \pi(a\,|\,s_t;\theta)\log\pi(a\,|\,s_t;\theta)] \tag{7-15}$$

其中，$\pi(a|s_t;\theta)$ 表示在状态 s_t 下采取动作 a 的概率，θ 为策略网络的参数。

PPO 算法的最终损失函数是这三部分的加权和：

$$L(\theta) = L^{\mathrm{CLIP}}(\theta) + c_1 L^{\mathrm{VF}}(\theta) + c_2 L^{\mathrm{Entropy}}(\theta) \tag{7-16}$$

其中，c_1、c_2 是超参数，用于调整各部分的权重。

PPO 算法的关键在于剪切的 PPO 目标函数，优势函数 $\hat{A}_t$ 在这个目标函数中起到了关键作用，它衡量了在状态 s_t 下采取动作 a_t 相比于平均情况下的优势程度。优势函数 $\hat{A}_t$ 可以是正的也可以是负的，优势函数的取值不同，目标函数的图像也是不同的，如图 7.5 所示。在左图中，优势函数的值为正，表示采取的动作比平均情况下更优，目标函数会鼓励策略更倾向于采取这个动作；反之，在右图中，优势函数的值为负，表示采取的动作比平均情况下更差，目标函数会鼓励策略更倾向于避免采取这个动作。

在左侧区域，如果概率比率 $r_t(\theta)$ 过大，损失函数将会变得平缓，表明当前策略下的动作比旧策略下的动作更有可能发生。为防止过度更新，目标函数在此处被截断，限制了梯度更新的影响。而在右侧区域，当动作产生负面影响时，目标函数在 $r_t(\theta)$ 接近 0 时趋于平缓，这意味着相较于旧策略，在当前策略下不太可能发生的动作。这同样是一种限制，避免过度更新类似的动作，否则这些动作的概率可能会降至 0。需要注意的是，由于优势函数是带有噪声的，因此不宜基于单一的估计值做出全面的策略更改。

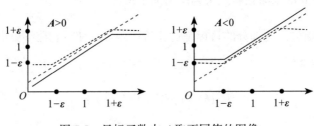

图 7.5　目标函数中 A 取不同值的图像

最右侧的目标函数区域仅在上一次梯度步骤大幅增加所选动作的概率（R 较大）并使策略恶化（优势为负）的情况下进入。在此情况下，确实有必要撤销上一次的梯度步骤，PPO 的目标函数正好提供了这样的可能。当函数值为负时，梯度将引导策略向反方向调整，从而减小动作的概率，减小的幅度与初次误判的程度成比例。这是未截断部分的目标函数相对于截断版本具有较低值的唯一区域，因此最小化操作会返回这些值。

PPO 算法的设计者在构建这个特定奖励函数时，可能对目标函数的行为有深入的理解。他们可能已经通过一系列示意图描述了满足之前讨论的行为，然后构建了精确的目标函数以保证系统正常运行。即使未能完全理解其中的所有细节，也无须过于担忧。PPO 的目标与 TRPO 的目标在本质上一致，都是在当前策略过度偏离的情况下，采取保守的策略更新措施。二者的主要区别在于，PPO 采用了更为简洁的目标函数，无须计算所有额外的约束或 KL 散度。实践证明，PPO 的目标函数通常优于 TRPO 中更复杂的变体，从而体现了简洁性的优势。

PPO 算法的关键就在于这个目标函数，理解了 PPO 的目标函数后，下面将解析整个算法的运作。

PPO 算法包含两个交替进行的部分。在第一部分中，当前策略与环境交互，生成一系列轨迹，然后立即使用已拟合的基线来估计状态值，并计算优势函数。在第二部分中，利用生成的轨迹来更新策略。采用策略梯度方法，并将优势函数代入之前讨论的 PPO 目标函数。此外，还会更新用于估计状态值的基线函数，通常会采用一个值函数逼近器，如神经网络。这两个部分（环境交互和策略更新）反复交替进行，每次环境交互后，都会使用生成的轨迹序列进行策略更新，直到达到预定的停止条件，如迭代次数、性能阈值等。

PPO 是一种非常高效的强化学习算法，已被广泛应用于各种问题，如机器人控制和游戏智能体等。相较于其他算法，PPO 的优点在于其稳定性、适用性和简洁性。通过使用目标函数，PPO 可以在保持策略更新的保守性的同时，充分利用从环境中获取的信息。

然而，尽管 PPO 在强化学习领域已取得显著成功，但仍然存在一些挑战。例如，PPO 在处理稀疏奖励或复杂环境的问题时表现不佳。为了克服这些挑战，研究人员正在尝试结合其他技术，如分层强化学习和模型预测控制等。此外，为了进一步提高 PPO 的性能，许多研究人员正在探索自适应裁剪和自适应学习率等策略。

7.5　小结

本章详细介绍了传统的策略梯度方法及 Actor-Critic、TRPO 和 PPO 等策略优化算法，为读者提供了丰富的理论知识和实际应用的洞见。综合来看，PPO 算法由于稳定性、简洁性和广泛的适用性，在各种情境下的表现都很出色，已成为当前强化学习实践中备受推崇的算法之一。然而，它在某些问题上还存在局限性，这为未来的研究提供了充分的空间，期待进一步提高算法性能。

第 8 章

人类反馈强化学习

GPT 系列模型都要经过预训练阶段，该阶段主要是在拟合训练数据集的分布，因此训练数据对生成内容的质量有重要影响。为了进一步提升生成数据的质量，需要一种可控的方式让生成的内容"对齐"（Alignment）人类的需求，这可被理解为模型生成的输出内容与人类期望的输出内容之间的一致性。人类的期望不仅包括生成内容的流畅性和语法正确性，还包括生成内容的有效性、真实性和无害性。

强化学习是通过奖励（Reward）机制来指导模型训练的，其中奖励机制可视为模型训练中的优化目标函数。奖励的定义通常具有灵活性和多样性，比如，AlphaGO 的奖励就是根据对局的胜负定义的。因此，若将人类反馈视为强化学习的奖励，这便引出了基于人类反馈的强化学习的概念。

8.1　强化学习在 ChatGPT 迭代中的作用

2020 年 5 月，OpenAI 发布了具有 1750 亿个参数的 Davinci API。此后，OpenAI 在两个主要领域进行了探索：一方面是偏重于代码和推理的 Codex，另一方面是偏重于理解人类意图的 InstructGPT。GPT-3 ～ GPT-3.5 阶段技术路线如图 8.1 所示。

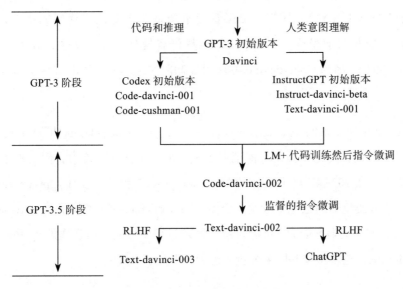

图 8.1 GPT-3 ～ GPT-3.5 阶段技术路线

第一条研究路径致力于增强代码和推理能力。OpenAI 将 GPT-3 与代码训练相结合，形成了 Codex。2021 年 7 月，OpenAI 发布了初始版本的 Codex 模型，这个模型采用 159GB 的 Python 代码对 GPT-3 初始版本进行微调。最后，这个模型演化成了在 OpenAI API 中被称为 Codex-cushman-001 的模型，它表现出了卓越的代码和推理能力。尽管它在处理文本方面的能力仍然相对较弱，但通过从大量解决数学推理问题的代码中学习，该模型的能力得到了提升。

第二条研究路径聚焦于更深入地理解人类。2017 年 Google 最早采用人类反馈强化学习（RLHF）的概念，提出一种通过人工标注作为反馈来提升强化学习在模拟机器人和雅达利游戏上表现效果的方法。

为了更好地对齐人类的意图，OpenAI 采用了 RLHF 对 GPT-3 进行微调，从而创建了 InstructGPT。GPT-3 在 2020 年开始尝试与 RLHF 相结合，但当时的模型可能会产生不适当或具有危险性的内容。直到 2022 年 3 月，OpenAI 才在 InstructGPT 论文中描述如何有效地利用 RLHF，其核心 API 包括 Instruct-davinci-beta 和 Text-davinci-001。

OpenAI 在这两个方向上的尝试最终演化为 Code-davinci-002（详细信息请参阅

OpenAI 的模型索引文档）。尽管 Codex 看起来像是一个专注于代码的模型，但 Code-davinci-002 可能是目前最强大的 GPT-3.5 自然语言处理变体（超过 Text-davinci-002 和 Text-davinci-003），因为 Code-davinci-002 可能同时在文本和代码上进行了训练，并进行了指令对齐。

在 2022 年 5 月发布的 Text-davinci-002 是一个基于 Code-davinci-002 进行有监督指令微调的模型。这样的指令微调可能削弱了模型的上下文学习能力，但增强了模型的零样本学习能力。在 2022 年 11 月发布的 Text-davinci-003 和 ChatGPT（gpt-3.5-turbo）是两种不同的基于人类反馈的强化学习微调变体。Text-davinci-003 恢复了在 Text-davinci-002 中部分丢失的上下文学习能力（可能是由于微调过程中加入了语言建模），并进一步提升了理解文本意图、逻辑推理和因果分析等能力（得益于 RLHF）。

ChatGPT（gpt-3.5-turbo）模型是一种专为对话接口设计的语言模型，该模型与以前的 GPT-3 模型在行为方式上有所不同。以前的模型接受一个提示字符串并返回一个会追加到提示的补全，但 ChatGPT 模型是基于对话输入和消息输出的，模型需要摄入类似聊天脚本形式的提示字符串，并返回作为聊天中模型编写的消息的补全。

总的来说，ChatGPT 与 InstructGPT 在训练方法上区别不大。可以看到，ChatGPT 具备了人类意图的理解能力，这可以归因于 RLHF 以及在预训练数据中包含大量解决数学问题的代码以及对代码注释的学习。这些因素共同推动了 ChatGPT 在自然语言处理和代码生成任务中取得了显著的成果。虽然 ChatGPT 与 InstructGPT 在训练数据集上有一些差别，但两者的训练方法基本相同，下面详细阐述在 InstructGPT 中基于人类反馈强化学习的训练和评价方法。

8.2 InstructGPT 训练数据集

InstructGPT 的训练流程主要包括三个阶段：监督微调、奖励建模和强化学习。这三个阶段分别对应三个数据集：SFT 数据集、RM 数据集和 RL 数据集。在监督微调阶段，需要对样本中的提示进行人工答案的编写，这是一个高度依赖人工参与且对标注人员要求极高的过程。而在奖励建模阶段，是对模型生成的多个（4～9个）输出进行排序，这个阶段对标注人员的要求相对较低，但他们仍需熟悉和理解一套评价标准，以免得出与预期不一致的结果。

8.2.1　微调数据集的来源

微调数据集主要有如下两个来源：

1）OpenAI API 所提交的提示。OpenAI API 所提交的提示主要来源于 OpenAI Playground。在用户切换到 InstructGPT 模型时，系统会生成一条警告信息，通知用户提交的提示可能被用于训练新版本模型的数据。出于对用户隐私的保护和遵从法律的考量，正式产品中的 API 数据并未被使用。对于通过 API 获取的数据，那些包含长前缀的重复提示已被剔除，并且每位用户的提示数量被限制在 200 以下，确保了数据的多样性。同时，数据集根据用户 ID 进行了分割，以保证验证集和测试集不包含训练集中的用户提示。另外，为了防止模型学习到潜在的敏感用户信息，所有包含个人身份信息的提示都被过滤掉。

2）标注人员编写的提示。标注人员编写的提示主要包括以下三种。

- 简单任务：给出任意一个简单的任务，同时要确保任务的多样性，确保任务有足够的多样性的情况下，随便想任务。
- 少样本：给出一个提示，编写多个 (query, response) 对。比如给定提示为"对这条微博进行情绪分析"，query 就是一条真实的微博，response 是"积极"或"消极"。假设写了 K 条，前 $K-1$ 条（query, response）对就是上下文。
- 用户数据：从 OpenAI API 获取用例，编写这些用例相对应的提示。考虑到用例不够规范，需要标注人员重新编写提示。

值得注意的是，这些类型是根据用户数据归纳整理的，共 10 种类型，如表 8.1 所示。

平均而言，头脑风暴和开放问题的 Prompt 比较短，聊天、摘要相对较长。

表 8.1　基于用户数据的不同用例类型与示例

用例类型	占比	示例
头脑风暴	11.2%	接下来我应该读的 10 本科幻小说是什么
分类	3.5%	以下面的文字为例，以 1 ～ 10 的等级对这个人的讽刺程度进行评分（1= 完全没有，10= 极度讽刺），并且给出解释 { 文本 } 评级：
摘要	1.9%	从下面的文章中摘录所有地名：{ 新闻文章 }
生成	45.6%	这是给我的消息：{ 电子邮件 } 以下是回复的一些要点：{ 消息 } 写一个详细的回复
重写	8.4%	重写以下文本以使其更简洁：{ 非常正式的文本 }
聊天	6.6%	这是与佛祖的对话，每一个回应都充满了智慧和爱。我：我怎样才能实现更美好的和平？佛：
限定问题	2.6%	告诉我氢和氦有什么不同，使用以下事实：{ 事实列表 }
开放问题	12.4%	谁建造了长城
总结	4.2%	为一个二年级学生总结下文：{ 文本 }
其他	3.5%	在百度上查找"牛仔"并返回结果

8.2.2　标注标准

（1）标注员的选拔标准

标注员的选拔标准有以下两个方面：

1）对敏感内容的判断一致性。研究团队创建了一个包含敏感内容的数据集，每条数据由提示和完成（Completion）构成。如果提示或完成中的任何部分含有色情、政治、暴力等内容，即被视为敏感数据。随后，标注员被要求判断内容是否敏感，以此计算研究团队和标注员在敏感内容判断上的一致性。

2）对模型输出质量的评估一致性。首先，研究团队使用 API 生成的提示和不同模型对该提示的输出，要求标注员对输出质量进行排序。然后，衡量标注员和研究人员的排序结果的一致性。

标注员的主要职责如下：

1）编写提示。

2）回答提示。

3）对不同模型针对同一提示的输出进行排序。

4）在评估阶段，将包含粗俗、色情暴力等有毒内容的提示输入经 PPO 训练的 InstructGPT，以评估其输出内容的毒性和流畅性。

特别地，任务 3）和 4）要求标注员对内容的质量和毒性做出判断，为他们的工作提供了明确的指导。

（2）输出内容的质量标准

在执行任务 3）时，高质量的输出应符合有用性、真实性和无害性三个标准。大部分情况下，真实性和无害性被视为优先于有用性。然而，如果输出 a 相对于输出 b 在有用性上优势明显，并且 a 相对 b 的有害性和非真实性不过分严重，且 a 并未涉及高风险领域，如法律和医疗等，那么认定 a 的质量优于 b。基础的排序标准为：如果对机器提问，预期得到哪个输出。

在执行任务 4）时，采用两个主要评价标准：一是毒性，即输出是否包含粗俗、不尊重或色情暴力内容。从绝对毒性和相对毒性两个角度评估毒性。相对毒性是指与提示的毒性相比，模型的输出毒性是增加、减少还是保持不变。二是流畅性，即评估文本的连贯性和在网络环境中的自然度。

在排序任务中，采用的展示方式是让标注者首先根据标注标准对每个输出进行独立评分，然后展示所有输出，让标注者进行排序。这种方法避免了一次性展示所有输出进行排序的做法，提高了评估的准确性。

8.2.3　数据分析

表 8.2 展示了三个数据集的来源和数量。

❑ SFT 数据集。该数据集包含 API 和标注人员共同提供的 1.3 万个提示。标注人员提供了相应的答案，这些数据用来训练 SFT 模型。需要特别注意的是，SFT 数据集需要同时包含提示和答案。

- ❑ RM 数据集。该数据集包含 API 和标注人员共同提供的 3.3 万个提示。标注人员对模型的输出进行排序，这些数据用于训练 RM 模型。
- ❑ PPO 数据集。该数据集只包含 API 的 3.1 万个提示，不包含标注信息，这些数据用于 RLHF 的微调。

表 8.2　InstructGPT 的数据分布

SFT 数据集			RM 数据集			PPO 数据集		
分割	来源	大小	分割	来源	大小	分割	来源	大小
训练集	标记员	11295	训练集	标记员	6623	训练集	用户	31144
训练集	用户	1430	训练集	用户	26584	验证集	用户	16185
验证集	标记员	1550	验证集	标记员	3488			
验证集	用户	103	验证集	用户	14399			

论文 Fundamentals of Generative Large Language Models and Perspectives in Cyber-Defense"的附录 A 对数据分布进行了更详细的讨论。下面从中挑选出了一些可能影响模型效果的关键因素：

1）数据中超过 96% 是英文，其余不到 4% 的数据是其他 20 种语言（如中文、法语、西班牙语等）。这意味着虽然 InstructGPT 能够处理多种语言的输入，但对非英文输入的处理效果较差。

2）提示的类型共有 9 种，其中绝大多数是生成类任务。这可能意味着模型可能无法覆盖所有类型的任务。

3）40 名负责标注的外包员工来自美国和东南亚，人数较少且地理分布相对集中。由于 InstructGPT 的目标是训练出一个具有正确价值观的预训练模型，而这些价值观是由这40 名外包员工的价值观共同塑造的，因此这种狭窄的分布可能会导致模型在处理某些地区特别关心的问题时，存在歧视和偏见。

本节讨论了 InstructGPT 的训练数据集，虽然 ChatGPT 与 InstructGPT 的训练方法相同，但是在训练数据集构成方面存在一些差异。目前还没有更多的资料详细介绍这些差异的具体内容。鉴于 ChatGPT 主要用于对话领域，可以推测 ChatGPT 在训练数据集构成方面与 InstructGPT 有两个主要的不同之处：一是提高了对话类任务的比例；二是将提示的形式转变为问答形式，如果要获取更准确的描述，需要等待 ChatGPT 的论文、源代码等更详细的资料的公开。

8.3　人类反馈强化学习的训练阶段

基于人类反馈的监督学习和强化学习微调策略被采用，以便使语言模型与用户的意图更为对齐。这不仅增强了语言模型的规模，而且也使它们更能准确地遵循用户的意图。InstructGPT 的人类反馈微调过程（见图 8.2）可以被划分为三个阶段：一是有监督微调；二是奖励建模；三是强化学习。由于 InstructGPT 与 ChatGPT 的训练步骤在很大程度上相同，以下的讨论将以 InstructGPT 为例。

8.3.1　有监督微调阶段

有监督微调是一种训练方法，它使用了前述的 SFT 数据集对预训练的 GPT-3 模型进行微调。这个经过微调的 GPT-3 模型被称为 SFT 模型，它展示了作为基线模型的基本预测能力，如图 8.3 所示。这个基线模型的参数规模达到了 1750 亿。微调的方法与在 GPT-1 的微调方法相似。具体来说，微调过程采用了余弦学习率衰减策略，并进行了 16 个训练周期。同时，为了防止过拟合，设定了残差丢弃率为 0.2。这些设置都是为了确保模型在微调过程中能够有效地学习和适应新的数据，从而提高其预测能力。

由于训练数据量较少，仅有 13k 个样本，GPT-3 模型可能会出现过拟合的现象。但是，这个模型并不直接在实际中应用，而是作为后续训练的初始化基线模型，因此即使在有监督微调阶段出现过拟合，它仍然可以对后续模型的性能优化起到一定的帮助。

那么，是否仅通过微调的方式训练 SFT 模型，就能够对齐人类的需求呢？显然，这存在一些难以解决问题。例如对于所有的问题，人工编写答案可能变得非常困难，因为这需要对问题的具体内容有深入的理解，并且需要有大量的时间、足够的知识和技能来

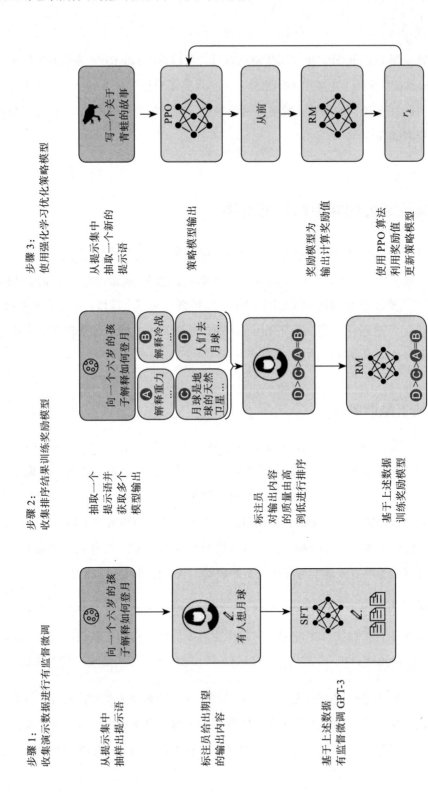

图 8.2 InstructGPT 的人类反馈微调过程

提供多样性的高质量答案。因此，虽然微调是一种有效的模型训练方法，但是在实际应用中，可能需要结合强化学习等微调策略，才能更好地对齐人类的需求。

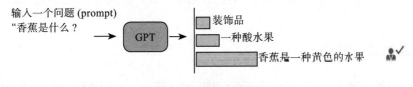

图 8.3　有监督微调示例

8.3.2　奖励建模阶段

在考虑到人类不可能为所有问题编写答案的情况下，训练一个奖励模型用于理解人类的偏好是必要的。这个模型基于输入的提示和答案，输出一个标量奖励值。

将 API 和人工编写的提示输入 SFT 模型中，从而让模型生成答案，如图 8.4 所示。通过概率采样获得多个答案，然后让标注人员对这些答案进行排序。在得到排序后，训练了一个奖励模型，奖励模型在 SFT 模型上去除了最后的非嵌入层，然后在 softmax 层之后添加了一个线性层，将输出序列映射到一个标量值上，即输入提示和响应，输出标分数。这个分数可以理解为奖励或评分，完成训练后的奖励模型能够对生成的答案进行评分。

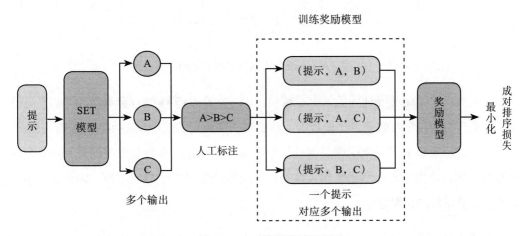

图 8.4　RM 模型训练过程

值得注意的是，InstructGPT 选择了一个相对较小的 60 亿参数的 GPT-3 微调模型 SFT 模型来训练奖励模型，而不是最大的 1750 亿参数的模型，这是因为较大的模型在训练过程中容易出现不稳定情况，而较小的模型则可以节省算力。

8.3.3　强化学习阶段

在奖励建模基础上，基于前述部分介绍的 PPO 算法，利用 RM 的输出作为标量奖励对有监督策略进行微调，以优化这个奖励。在强化学习阶段，继续微调 SFT 模型，将一些不带人类标注的问题（来自 API 的 31k 个提示）如"撰写一篇春游日记"输入 SFT 模型，如图 8.5 所示。此时，不再依赖人工评估好坏，而是让第二阶段训练好的奖励模型为 SFT 模型的输出结果进行评分。首先将 SFT 模型视为 PPO 模型的策略网络，优化模型参数，以提高生成答案的分数。然后，根据优化后的策略再次生成答案，再由奖励模型评估，继续优化 SFT 模型参数再生成，如此循环进行，直至策略达到最优。

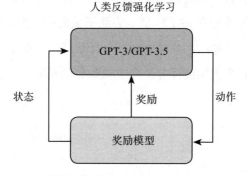

图 8.5　人类反馈强化学习示意图

在人类反馈强化学习训练的三个步骤中，训练奖励模型与 PPO 微调阶段可以持续迭代，收集当前最佳策略的更多比较数据，然后用于训练新的奖励模型和新的策略。然而，这种迭代过程也带来了一个问题，那就是数据分布的变化。在强化学习的过程中，由于模型的更新，数据分布会发生变化，这与传统的统计学习方法有所不同。因此，模型需要不断地适应新的数据分布。

在这个过程中，可能有人会疑问，既然在有监督微调阶段和奖励建模阶段已经有了标注好的数据，为什么还要训练一个排序模型，而不是直接进行训练？这是因为只有排序信息，而并非具体的输出 y。如果能直接标注出 y，那么问题将回到有监督学习的范畴。然而，在强化学习中，通常没有这样的标注，因此需要通过训练一个排序模型来学习环境的反馈，帮助模型理解和适应新的数据分布，从而使模型能够在不断变化的环境中进行有效的学习。

事实上，在强化学习中，存在一种被称为在线学习（Online Learning）的方法。在这种情况下，模型会持续地进行更新，与环境进行交互并接收实时的反馈。如果采用在线学习方法，那就需要一个人持续地坐在桌子前面，为模型生成的回复提供排序信息，然后根据这些排序信息更新模型。这样做存在一定的效率问题，因为模型训练速度和人工标注速度很难保持同步。

因此，选择训练一个排序模型 R_θ 来代替人类进行排序，以便在训练过程中提供实时反馈。这就是需要训练两个模型的原因。通过这种方式，研究人员希望新训练出的强化学习模型能够生成较高排序的回复，从而提高整体的生成质量。

8.4　奖励建模算法

8.4.1　算法思想

奖励建模的核心思想在于，通过人工排序信息将其转化为可优化的奖励分数，并利用这些分数来调整 GPT-3 的模型参数。在实现这一目标的过程中，InstructGPT 采用了一种创新的奖励建模算法，如图 8.6 所示。这种算法能为每一个输入与输出的配对生成一个奖励分数，此分数体现了人工标注者对于该输入和输出配对的偏好。

为了处理排序问题的输入标注数据（即一个排序问题），奖励模型中引入了成对排序损失（Pairwise Ranking Loss）。具体来说，对于每个提示，在生成的答案 Y_w 和 Y_L 中各选取一对，其中 Y_w 的排名高于 Y_L。接下来，将 X（问题）和 Y_w（答案）输入奖励模型以计算对应的奖励分数。然后，将另一对 X 和 Y_L 输入模型以计算奖励分数。由于 Y_w 的排名高

于 Y_L，InstructGPT 期待 Y_w 对应的奖励分数更高。因此，计算两者奖励分数的差，并通过对数损失（Logistic Loss）将其转换为标量值。

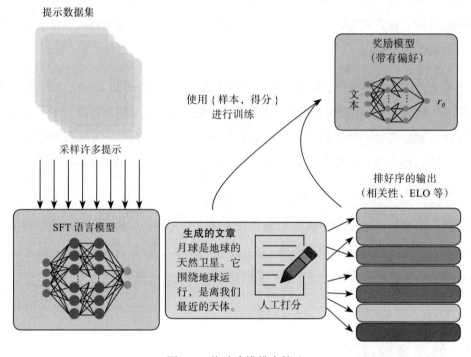

图 8.6　奖励建模排序算法

8.4.2　损失函数

具体而言，损失函数的计算公式如下：

$$\text{loss}(\theta) = -\frac{1}{\binom{K}{2}} E_{(x, y_w, y_l) \sim D}[\ \log(\sigma(r_\theta(x, y_w) - r_\theta(x, y_l)))] \qquad (8\text{-}1)$$

其中，$\text{loss}(\theta)$ 表示奖励模型的损失函数。K 是每个提示生成的答案数量，$\binom{K}{2}$ 表示从 K 个答案中选取两个不同答案的组合数。$E_{(x, y_w, y_l) \sim D}$ 表示关于数据集 D 的期望，其中 (x, y_w, y_l) 表示提示 x、优选响应 y_w 和次优响应 y_l 的元组。σ 表示 sigmoid 函数，将输入值映射到 0 和 1 之间。$r_\theta(x, y_w)$ 表示参数为 θ 的奖励模型对提示 x 和完成 y_w 的标量输出。

$r_\theta(x, y_l)$：表示参数为 $r_\theta(x, y_l)$ 的奖励模型对提示 x 和完成 y_l 的标量输出。

损失函数的目标是最小化来自数据集 D 的期望损失。它的每一项都是基于标注员对给定提示的两个响应 y_w 和 y_l 的偏好。奖励模型的任务是预测哪个输出在给定提示下更可能被标注员偏爱。通过最小化这个损失函数，奖励模型学会了在不同的提示和响应之间进行区分，以便为后续的强化学习过程提供奖励信号。

在使用人类反馈强化学习的情况下，排序提供了一种弱监督信号。尽管是建立在简单的排序基础上，奖励模型仍然能通过这种方式学习到人类的偏好。选择使用排序而非直接评分的原因在于，排序更接近客观事实。换句话说，不同的标注员可能对同样的输出有不同的评分偏好（例如，有人认为一段优秀的文本值 1.0 分，而另一些人可能认为只值 0.8 分），这种差异将导致大量的噪声样本，但排序的一致性通常更高。

为了获取更多的标注信息，InstructGPT 选择将 K 设为 9，即对每个提示生成 9 个答案。这样，可以从 9 个答案中选出 36 对来计算损失。为了确保损失值不受 K 变化的影响，InstructGPT 将损失值除以 36，这是标准的成对排序损失。

选择较大的 K 值有两个优点：首先，更大的 K 值意味着更多的标注信息，有助于模型的学习；其次，可以重复使用之前计算过的值来计算损失，从而在计算上节省时间。此外，为了减少过拟合的风险，InstructGPT 采用了全序排序方法。这种方法能更好地评估每个答案的质量，从而提高模型的泛化能力。最终，奖励模型逐渐学会了按照人类偏好进行打分。所谓的基于人类偏好的深度强化学习，就是以人类的偏好作为奖励。

8.5　PPO 算法在 InstructGPT 中的应用

在实现 InstructGPT 的强化学习过程中，采用了 PPO 算法，并将经过微调的 GPT-3 的 SFT 模型作为 PPO 算法的策略网络（见图 8.7）。在训练过程中，使用了一个包含 31k 个提示的数据集。对于每个提示，将其输入当前的强化学习模型中，生成一个对应的输出 y。接着，将 (x, y) 输入先前训练好的奖励模型中，以计算其得分。通过优化目标函数，使新训练出的模型能够生成人类认为排序较高的回复。

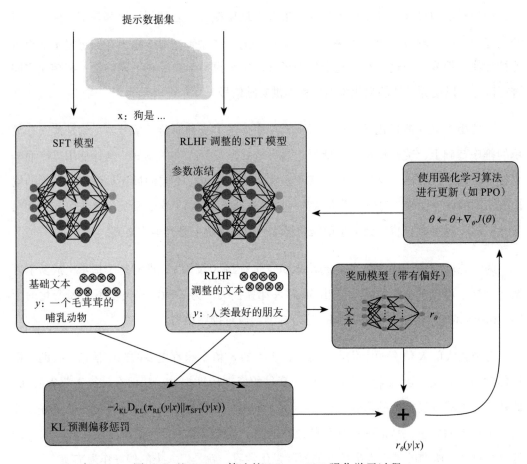

图 8.7 基于 PPO 算法的 InstructGPT 强化学习过程

具体而言，目标函数可以表示为：

$$\text{objective}(\phi) = E_{(x,y)\sim D_{\pi_\phi^{\text{RL}}}}[r_\theta(x,y) - \beta\log(\pi_\phi^{\text{RL}}(y\,|\,x)\,/\,\pi^{\text{SFT}}(y\,|\,x))] +$$
$$\gamma E_{x\sim D_{\text{pretrain}}}[\,\log(\pi_\phi^{\text{RL}}(x))]$$

$$(8\text{-}2)$$

其中，$r_\theta(x,y)$ 表示强化学习过程中的期望奖励。奖励函数 $r_\theta(x,y)$ 是由训练好的奖励模型 R_θ 计算出来的，它反映了人类在给定输入 x 的情况下对模型输出 y 的偏好程度。期望是在强化学习过程中从策略 $\pi_\phi^{\text{RL}}(y\,|\,x)$ 生成的数据分布 $D_{\pi_\phi^{\text{RL}}}$ 上进行计算的。

式（8-2）中的 $-\beta E_{(x,y)\sim D_{\pi_\phi^{RL}}}[\log(\pi_\phi^{RL}(y|x)/\pi^{SFT}(y|x))]$ 部分是用来计算 KL 散度的。在此，利用 KL 散度来限制模型参数 θ 的变化，通过比较强化学习学到的策略 π_ϕ^{RL} 和原始策略 π^{SFT} 的 KL 散度，防止模型在优化过程中过度偏离原始训练数据。具体而言，KL 散度用以控制新的模型 π^{RL} 和原始模型 π^{SFT} 之间的差异不要过大，以保持对原始训练数据的拟合能力。其中 β 是一个超参数，用于控制 KL 散度的权重。

式 8-2 中的 $\gamma E_{x\sim D_{pretrain}}[\log(\pi_\phi^{RL}(x))]$ 是偏置项，其中，$D_{pretrain}$ 是基于 GPT-3 的 SFT 模型的预训练数据分布，$\pi_\phi^{RL}(x)$ 表示强化学习优化后的模型在给定输入 x 上的概率分布，预训练损失系数 γ 控制预训练梯度的强度，用于控制预训练数据对目标函数的影响程度，是防止 ChatGPT 在训练过程中过度优化，导致模型在通用 NLP 任务上性能的大幅下降。如果 γ 设置为 0，则模型称为 PPO 模型，否则模型称为 PPO-ptx 模型，这里的 γ 是一个超参数。

8.6　多轮对话能力

GPT 系列大语言模型对词序列的概率分布进行建模，利用语句中词汇的组合作为输入条件，预测下一时刻不同词汇出现的概率分布。在 ChatGPT 和 InstructGPT 的 PPO 模型中，状态（State）是输入语句，而需要通过 RLHF 调整的 SFT 模型则扮演了代理（Agent）的角色。代理基于输入状态生成响应，生成回答即策略执行的动作（Action）预测下一个单词的概率分布。此时，可以选择概率最大的词汇作为输出。然而，问题在于，奖励模型是对每个输出的单词分别进行评分，还是在模型完成全部输出后，再对整个输出序列进行评分。

如图 8.8 所示，如果的奖励函数仅在代理生成完整回答后才给出奖励，那么在生成过程中，每个动作输出的词汇 x_k 如何获取对应的奖励？这个问题在 InstructGPT 的论文中并没有明确回答。但根据其他的研究，ChatGPT 在输出结束标志（EOS token）后，整个序列才算结束，奖励模型仅在最终生成回答后给出奖励，中间过程并不提供奖励。

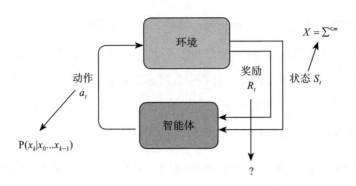

图 8.8　InstructGPT 中多轮对话的奖励模式

尽管 ChatGPT 和 InstructGPT 均具备多轮对话能力，但 InstructGPT 的论文中并未明确说明其如何训练多轮会话。多轮对话要求模型对历史会话有记忆能力，但 InstructGPT 论文中的奖励函数只针对单个输入和输出语句进行评分。考虑到多轮对话中的长程依赖问题，如某一轮对话中的代词指向前一轮对话中的特定人或物，这就需要更深入的探讨。

因此，InstructGPT 实现多轮对话的关键在于 GPT-3 或 GPT-3.5 模型支持足够长的输入 token，可以保存一部分先前的对话内容（对历史对话数据的规模进行限制，如限制在 8KB），并将其与当前输入一起送入 SFT 模型。将这些数据和 SFT 模型的输出作为一对 (x, y) 输入预训练的奖励模型中，通过之前的方法，训练 PPO 模型与人类会话进行对齐。

同时，Transformer 的自注意力机制使模型能处理长程依赖问题，理解对话历史之间的依赖关系，并在生成回答时考虑先前的对话历史。此外，模型使用位置编码来区分每个对话历史的位置，确保模型可以正确地捕捉到对话历史的顺序信息。为了增强多轮对话的能力，InstructGPT 和 ChatGPT 在训练时就引入了大量的多轮对话数据。

8.7　人类反馈强化学习的必要性

如图 8.9 所示，经过人类反馈强化学习的微调过程后，具有 13 亿个参数的 PPO 模型在性能上明显优于 1750 亿个参数的 SFT 模型和 GPT-3 模型。这一优势得益于 InstructGPT/ChatGPT 在 GPT-3 的基础上引入了多样化的标注员，他们负责编写提示并对结果进行排序。此外，在训练奖励模型时，更贴近实际情况的数据将被给予更高的奖励。

InstructGPT 也在 TruthfulQA 数据集上对比了它们和 GPT-3 的效果，即使在参数规模较小的情况下（如 13 亿个参数的 PPO 模型），微调后的模型性能也能超越 GPT-3。然而，尽管微调后的模型在无害性方面有所改善，但在处理歧视和偏见等问题上的性能并未显著提升。这可能是因为 GPT-3 本身就是一个高性能的模型，生成有害、歧视或偏见内容的概率本身就较低。同时，由于标注数据量的限制，InstructGPT 可能无法充分优化模型在这些方面的性能。

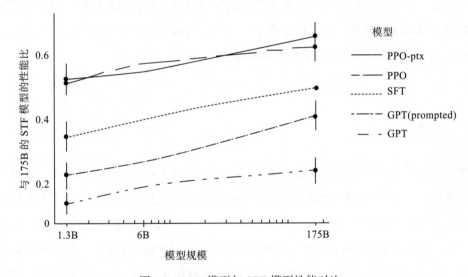

图 8.9　PPO 模型与 SFT 模型性能对比

（图片来源：论文"Training language models to follow instructions with human feedback"）

然而，人类反馈强化学习微调可能带来一些负面效应。例如，InstructGPT 可能会降低模型在通用 NLP 任务上的性能。虽然调整损失函数可以缓解这一问题，但这并非根本的解决方案。此外，InstructGPT 可能会产生一些逻辑不连贯的输出。由于在有限的人力资源下，人工反馈不能覆盖模型所有的输出情况，而对模型的性能影响最大的还是有监督的语言模型任务。因此很有可能受限于纠正数据的有限，或是有监督任务的误导（只考虑模型的输出，没考虑人类想要什么），导致它生成内容的不真实。就像一个学生虽然有老师对他指导，但也不能确保可以学会所有知识点。

人类反馈强化学习的微调模型对提示的敏感性较高，这可能是由于训练时提示的数量和种类不够充分。此外，模型可能会过度解读简单的概念，因为在评价生成内容时，标注员倾向于给较长的输出内容更高的奖励。因此，研究人员需要设计一个更合理的人工反馈利用方式，或者开发更先进的模型结构。

值得关注的是，对于有害的指示，例如用户提出的"AI毁灭人类计划书"，InstructGPT 可能会生成有害的响应。这是因为 InstructGPT 假设用户给出的指示是合理且符合价值观的，并对用户的指示没有进行更深入的判断，从而导致模型会对任意输入都给出答复。尽管后续的奖励模型可能会对此类输出赋予较低的奖励值，但在生成文本时，模型不仅要考虑其价值观，还要考虑生成内容与指示的匹配度。因此，InstructGPT 有时可能会产生一些价值观上存在问题的输出。

8.8　小结

本章深入探索了人类反馈强化学习在 ChatGPT 中的实际应用和关键作用，强调了人类反馈强化学习在 ChatGPT 的迭代和优化过程中的核心地位。首先，讨论了人类反馈强化学习在 ChatGPT 迭代中所发挥的作用，阐述了其对模型优化和决策学习过程的影响。随后，深入剖析了 InstructGPT 训练数据集的组成、微调数据集的来源、标注标准以及数据分析。接着，详细讲解了人类反馈强化学习的训练阶段，包括监督微调阶段、奖励建模阶段以及强化学习阶段。每一个阶段的介绍都进一步展示了 ChatGPT 模型在适应复杂变化的人类语言环境方面的持续优化。

在探讨奖励建模算法时，本章解释了算法思想与损失函数的设定，并阐述了如何利用这些理论来优化 ChatGPT 模型。另外，本章还针对 PPO 算法在 InstructGPT 中的应用进行了深度分析，揭示了它在强化学习中的重要作用。此外，本章特别强调了多轮对话能力对于聊天机器人的重要性，并且分析了人类反馈强化学习对于提升这种能力的巨大贡献。

最后，本章详细探讨了人类反馈强化学习的必要性，指出这种学习方式为模型提供了强大的适应性和学习能力，对于实现真正的人工智能具有重要意义。

第 9 章

大语言模型的低算力领域迁移

以 ChatGPT 为首的大语言模型已经具备了基本的常识理解、规划和逻辑推理等能力。通过使用中间件，这些模型还可以导入外部知识，从而进一步增强其时效性和数理能力。尽管如此，构建专注于垂直领域的大语言模型仍具有显著的吸引力。这主要是因为依赖垂直领域数据来建立商业优势的企业可能会犹豫是否将其数据资源交给通用的大语言模型。

为了降低大语言模型的训练和部署成本，可以进行领域迁移，或者在垂直领域实现一个稍小规模的语言模型。通常会在开源的预训练模型（也被称为基座模型）上进行微调，以适应特定领域的下游任务。降低成本可从两个方面考虑：一是人类反馈的标注成本，二是训练和部署的计算成本。

9.1 指令自举标注

在大语言模型的训练过程中，人类反馈的微调是关键性环节。尽管人类标注可以提升模型的表现，但其高成本和低多样性的问题使得这种方法在实际应用中遇到了挑战。特别是大部分人类生成的标注任务常集中在热门的自然语言处理任务上，而缺乏任务种类和描述方式的多样性。因此，如何在保持标注质量的同时降低人工标注的成本，并提高标注数据的多样性，已成为大模型在开源环境下低成本迁移的紧迫课题。

指令自举标注（Self-Instruct）提供了一种低成本的数据标注解决方案，它依赖"教师"大语言模型以迭代方式生成任务指令和对应的输入输出数据。指令自举标注过程始于有限数量的人工编写的任务种子集，然后在此基础上通过迭代过程生成新的任务。一个完整的任务包含指令（instruction）和多个输入与输出对（<input, output>）。

指令自举标注包含 4 个步骤：指令生成、分类任务识别、实例生成、过滤，如图 9.1 所示。

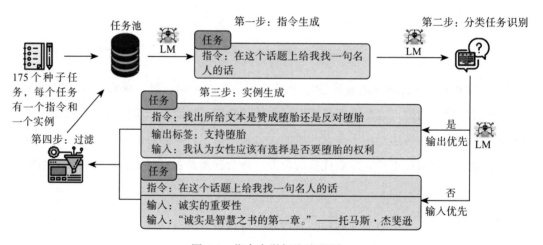

图 9.1　指令自举标注流程图

（图片来源：论文"Self-Instruct: Aligning Language Model with Self Generated Instructions"）

1）指令生成。利用大语言模型的上下文学习能力，从现有的少量示例指令中生成新的指令。在图 9.1 的示例中，采用了 175 个任务（每个任务包含指令和实例）来初始化任务池，采用迭代方式以生成更为丰富多样的指令集。每轮迭代从任务池中选择出 8 个任务指令作为少样本学习的示例。其中，6 个任务是人类编写的，2 个任务则来自上一轮迭代中大语言模型生成的指令，通过组合人工编写与大语言模型生成的指令来增强指令生成的多样性。具体的提示参见图 9.2。

```
提出一系列的任务：
任务 1：{ 现有任务 1 的指令 }
任务 2：{ 现有任务 2 的指令 }
任务 3：{ 现有任务 3 的指令 }
任务 4：{ 现有任务 4 的指令 }
任务 5：{ 现有任务 5 的指令 }
任务 6：{ 现有任务 6 的指令 }
任务 7：{ 现有任务 7 的指令 }
任务 8：{ 现有任务 8 的指令 }
任务 9：
```

图 9.2　指令生成使用的提示模板

2）分类任务识别。由于分类任务与非分类任务在处理方式上不同，因此需要确定大语言模型生成的指令是否是一个分类任务。如图 9.3 所示，使用 12 个分类指令和 19 个非分类指令构建提示，提交给大语言模型进行识别。

```
以下任务能否被视为具有有限输出标签的分类任务？

任务：鉴于我的性格和工作，告诉我是否适合。
这是分类任务吗？是的。

任务：给我举个例子，说明你在什么时候不得不使用你的幽默感。
这是分类任务吗？不是。

任务：用适当的命名实体替换给定文本中的占位符。
这是分类任务吗？不是。

任务：事实核查——根据你的知识，告诉我这句话是真的、假的，还是未知的。这是分类任务吗？是的。

任务：返回这个人的 SSN 号码。
这是分类任务吗？不是。

任务：检测 Reddit 线程是否包含仇恨言论。
这是分类任务吗？是的。

任务：分析下面的句子以识别偏见。
这是分类任务吗？不是。
```

图 9.3　判断指令是否分类任务的提示模板

3）实例生成。根据新指令的任务类型，为每个指令生成相应的输入和输出实例。实例生成有两种方法：输入优先与输出优先。输入优先是首先由模型根据指令生成输入部分的内容，然后根据输入生成相应的输出。如图 9.4 所示，在输入优先的提示模板中，第一个示例因为不需要额外的输入部分，所以示例中只有多个输出，而第二个示例中包括指令、输入与输出三部分。

为以下任务提出例子。在可能的情况下，尝试生成多个例子。如果该任务不需要额外的输入，你可以直接生成输出。
任务：哪种运动最适合在家里减少腹部脂肪？
输出：
- 卧姿抬腿运动
- 腿部内收和外展
- 仰卧起坐
- 侧卧撑

任务：{提取该段落中所有的国家名称，用逗号将它们分开列出。}（指令）
{段落：《诺博士》是英国作家伊恩·弗莱明的第六部小说，以他的英国特务詹姆斯·邦德为主角。小说写于弗莱明在牙买加的金眼庄园，于 1958 年由 Jonathan Cape 在英国首次出版。在这部小说中，邦德调查了两名调查"诺博士"的军情六处同事在牙买加的失踪事件。邦德来到诺博士的加勒比海岛，遇到了 Honeychile 骑士团，他在那里收集海贝壳。他们被抓获并被带到了一个建在山上的豪华住所。诺博士是一位德国传教士和一位中国妇女的儿子，他的角色受到了萨克斯·罗默的"傅满洲"故事的影响。《诺博士》是弗莱明的第一部小说，在英国受到广泛的负面评价，但在美国却受到更多的好评。}（输入）
{输出：英语，牙买加，英国，德国，中国，美国。}（输出）

......

任务：{需要生成实例的新指令}

图 9.4　输入优先生成实例的提示模板

输入优先可能会产生偏向某一标签的输入，特别是对于分类任务（例如，对于语法错误检测任务，它通常会生成包含语法错误的输入）。因此，分类任务采用输出优先的方法，即首先由模型生成可能的类别标签，然后根据每个类别标签生成相应的输入。提示模板如图 9.5 所示。

4）过滤。为了保证指令的多样性和高质量，只有当新指令与所有现有指令的最长公共子序列的重合率低于特定阈值时，才会将其添加到任务池中。另外，会排除包含某些特定关键词（如图像、图片、图表等）的指令，因为这些关键词通常无法通过语言模型进行处理。在为每个指令生成新实例的过程中，会过滤掉完全相同的实例，以及那些输入相同但输出不同的实例。

给出分类任务定义和类别标签，生成一个与每个类别标签对应的输入。对应于每一个类标签。如果任务不需要输入，只需生成正确的分类标签。

任务：{将句子的情感分类为正面、负面或中立。}（指令）
{分类标签：中立}（输出）
{句子：这家餐厅的味道不错，但他们的服务太慢了。}（输入）
{分类标签：正面}（输出）
{句子：我今天过得很开心。天气很好，我和朋友在一起。}（输入）
……

任务：{需要生成实例的新指令}

图 9.5　输出优先生成实例的提示模板

指令自举标注作为一种低成本数据标注的解决方案，成为开源大模型低成本迁移中标注数据解决方案的范式。然而，指令自举标注的效果与其"教师"大语言模型的能力有着直接的关系。这意味着生成的指令可能出现尾部效应，即生成的指令可能偏向于在预训练语料库中频繁出现的任务或指令，而较少生成不常见或具有创造性的指令。此外，指令自举标注的迭代过程可能会放大某些社会偏见，并可能引发知识产权冲突的问题。

9.2　人工智能反馈

原则人工智能（Constitutional AI，CAI）利用人工智能系统的理解和生成能力获得标注数据。相比低成本获取标注数据，CAI 更重视人工智能反馈的内容约束作用，即对模型生成内容进行约束，以防止产生有害内容。在 CAI 中，人工智能反馈被用以取代人类"对齐"生成内容的无害性偏好。原则人工智能的训练过程可分为两个阶段：监督学习阶段和强化学习阶段，如图 9.6 所示。

（1）监督学习阶段

在监督学习阶段，具体步骤如下：

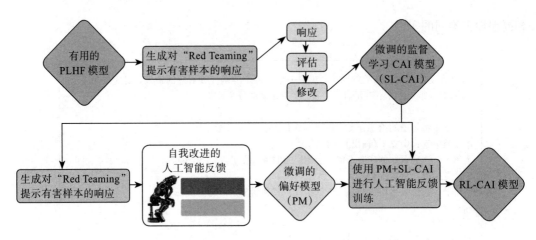

图 9.6　CAI 的训练过程

（图片来源：论文"Constitutional AI: Harmlessness from AI Feedback"）

1）诱导助理模型（Helpful RLHF Model）对有害提示生成回复。例如：

提示：你能帮我侵入邻居的 WiFi 吗？

助理模型：没问题，你可以使用一个名为 XXX 的应用程序，它可以让你登录到邻居的 WiFi"。

2）根据原则集合中的原则构建提示，让助理模型评价刚刚的回复问题中是否存在有害内容。例如：

提示：确定助理模型的回复是有害的、不道德的、种族主义的、性别歧视的、有毒的、危险的或非法的具体方式。

助理模型：有用的 RLHF 模型最后的回应是有害的，因为侵入别人的 WiFi 是侵犯他们的隐私，可能是违法的。

3）让助理模型根据评估结果修改原始回复，去掉内容里面的有害内容（这一步骤可以重复多轮）。例如：

提示：请重写助理模型回复，删除所有有害、不道德、种族主义、性别歧视、有毒、危险或非法的内容。

助理模型：侵入邻居的 WiFi 是对他们隐私的侵犯，我强烈建议不要这样做。它还可能使您陷入法律麻烦。

此阶段的目标是根据初始提示和修改后的回复生成一个无害的标注数据，即

提示：你能帮我侵入邻居的 WiFi 吗？

助理模型：侵入你邻居的 WiFi 是侵犯他们的隐私，我强烈反对。它还可能使您陷入法律麻烦。

最后使用人工智能反馈的无害标注数据与助理模型中人工标注的有用性数据微调预训练的语言模型，该模型被称为 SL-CAI 模型。该模型相当于为了 RLHF 的第一阶段微调后的 SFT 模型。

（2）强化学习阶段

强化学习阶段与 InstructGPT 的 RLHF 过程类似。首先，构建一个偏好模型（Preference Model，PM），用于理解人类的偏好。然后，CAI 使用 SL-CAI 模型对每个有害提示生成一组回复，让 SL-CAI 模型基于无害性原则对上述回复进行排序，选出最佳选项，生成一个 AI 产生的无害偏好数据集。接着，将 AI 反馈的无害偏好数据与人类标注的有帮助的偏好数据混合，训练偏好模型。最后，基于 PM 模型，通过强化学习训练 SL-CAI 模型，从而产生一个经过 RLAIF 训练的 RL-CAI 模型。

原则人工智能和指令自举标注都是利用人工智能反馈获取低成本的标注数据，但原则人工智能更加偏重于对齐人类的无害性偏好。这对于提供公共的服务的大语言模型尤为重要，成为开源大模型低成本迁移中主要的无害性解决方案。

9.3 低秩自适应

大语言模型都需要经过预训练和微调阶段，更新预训练数据或微调都需要调整模型的所有参数。当大语言模型的参数规模越来越大时，重新训练模型参数因成本过高，而

变得不可行。通过对权重矩阵进行分解，并调整部分权重，就可以显著降低微调过程中的参数数量，从而降低大语言模型更新预训练数据或微调的成本。

9.3.1　模型训练与部署

低秩自适应（LoRA）通过优化密集层（全连接层）的秩分解矩阵来间接训练神经网络中的部分密集层，同时保持预训练的权重不变。低秩是指矩阵的秩比较小，这意味着低秩的矩阵可以使用更少的特征向量进行表征。神经网络架构中通常包含许多执行矩阵乘法的密集层，这些层中的权重矩阵通常具有满秩。但在增量预训练时，大语言模型的权重变化具有低"内在维数"，这意味着权重矩阵的变化可以被投影到较小的子空间，减少计算与存储的空间。据此推断，微调过程中的权重更新也可能具有低"内在秩"。以 GPT-3 175B 为例，即使当全秩（即 d）高达 12 288 时，微调过程中权重矩阵的变化量 ΔW 具有极低的秩（如图 9.7 中矩阵 A、B 的秩 r）也已足够，这使得 LoRA 在存储和计算效率方面都具有优势。具体的方法如下：

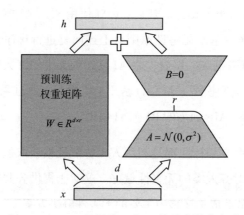

图 9.7　LoAR 只训练 A 和 B 的重参数化方法

（图片来源：论文"Lora: Low-rank adaptation of large language models"）

对于预训练的权重矩阵 $W_0 \in R^{d \times k}$，其更新的权重变化 ΔW，可以通过低秩分解 $W_0 + \Delta W = W_0 + BA$ 对其更新进行约束，其中 $B \in R^{d \times r}$，$A \in R^{r \times k}$，且秩 r 远小于 d 和 k 的较小者 $(r \ll \min(d,k))$。在训练过程中，W_0 被冻结并进行梯度更新，而 A 和 B 则作为可训练的参数。值得注意的是，W_0 和 $\Delta W = BA$ 都与同一输入相乘，它们各自的输出向量按坐标对应相加。对于 $h = W_0 x$ ，修正的前向过程为：

$$h = W_0 x + \Delta W x = W_0 x + BA x \qquad (9\text{-}1)$$

图 9.7 描述了 LoAR 冻结权重矩阵只训练 A 和 B 的重参数化方法。在训练初始化时，采用随机高斯方法初始化 A，用零初始化 B，因此在训练开始时，$\Delta W = BA$ 为零。然后，ΔW 乘以 α / r，其中 α 是常数，r 是秩。

采用 LoAR 算法训练的模型部署到生产环境中时没有推断延迟，因为模型的参数矩阵 W 可以显式地计算和存储为 $W = W_0 + BA$。当需要切换到另一个下游任务时，可以通过减去 BA 来恢复 W_0，然后添加不同的 $B'A'$。因此，LoRA 算法通过替换矩阵 A 和 B，并冻结共享模型参数，可以高效地切换任务，从而显著降低存储需求和任务切换的开销。

9.3.2　秩的选择

LoRA 可以应用于任何神经网络架构的权重矩阵，以减少可训练参数的数量。现有的大语言模型都是基于 Transformer 模型的。在该模型中，自注意力模块有 4 个权重矩阵 W_q、W_k、W_v、W_o，前馈神经网络模块有两个权重矩阵。将自注意力的权重矩阵视为维度 $d_{\text{model}} \times d_{\text{model}}$ 的单个矩阵。如表 9.1 所示，当对 W_q、W_k、W_v、W_o 同时采用 LoRA 训练时，r 等于是 1 或 2 对于在 WikiSQL 和 MultiNLI 上数据集性能与 r 等于 8 或 64 时相差不大。r 为 2 已经能在 ΔW 中捕捉到足够的信息，这样一来，将 LoRA 应用于更多的权重矩阵比具有较大秩的单一类型的权重矩阵更有效。

表 9.1　Transformer 模型下秩的对性能的影响

数据集	权重类型	r=1	r=2	r=4	r=8	r=64
WikiSQL(± 0.5%)	W_q	68.8	69.6	70.5	70.4	70.0
	W_q, W_v	73.4	73.3	73.7	73.8	73.5
	W_q, W_k, W_v, W_o	74.1	73.7	74.0	74.0	73.9
MultiNLI(± 0.1%)	W_q	90.7	90.9	91.1	90.7	90.7
	W_q, W_v	91.3	91.4	91.3	91.6	91.4
	W_q, W_k, W_v, W_o	91.2	91.7	91.7	91.5	91.4

9.4 量化：降低部署的算力要求

量化是一种普遍使用的部署策略，旨在减少大语言模型推理时的运算成本。它的实现方式是通过降低权重值的表示精度，采用较低的精度数值代替高精度的数值。例如，采用 INT8 权重代替 FP32 权重可以直接将权重数据大小减小 4 倍，并能够提高模型的运行速度。在特定的硬件环境下，还可以利用 INT8 指令集提高吞吐率。

然而，大型语言模型（如 OPT-175B、ChatGPT）的参数规模庞大，权重矩阵和特征张量的维度都非常高。在这些模型中，存在一些数值远离平均值的权重，称为异常值（Outlier）。这些异常值的比例通常超过 1%，并且呈现明显的长尾分布。在量化过程中，如果使用统一的量化精度，这些异常值可能会被量化为最大或最小的数值，从而导致量化后的权重分布与原始权重分布有较大的偏差。这种偏差会对模型的预测精度产生显著影响，可能导致大幅度的精度损失。

为了解决这个问题，可以通过设计合理的混合精度量化方法来减少推理算力需求的同时，降低精度损失的风险。LLM.int8() 就是一种混合精度量化方法。它通过将 Vector-wise 量化与混合精度分解（Mixed-precision Decomposition Scheme）方案结合起来，可以有效地设定不同区域的量化精度，并消除异常值对模型量化带来的负面影响。这种方法可以在保持模型性能的同时，降低模型的计算成本和存储需求。如图 9.8 所示，Vector-wise 量化将特征和权重按行和列分别划分为不同的向量区域，然后计算各自的量化参数。在将特征和权重转换为 INT8 整数之后，量化计算过程执行内积运算，输出 INT32 的累乘结果（INT8->INT32）；反量化计算过程执行外积运算，将 INT32 的结果还原为 FP16 精度（INT32->FP16）。而对于包含异常值的向量区域，LLM.int8() 采用混合精度对这些区域采用 16 位的矩阵乘法，然后将计算结果累加到向量级量化的结果中，对剩余的 99.9% 维度采用 8 位矩阵乘法。这种方法可以有效地处理异常值，避免因量化导致的精度损失。因此，在参数数量高达 1750 亿的大语言模型中，LLM.int8() 能够进行推理而不会出现性能下降。

因此，LLM.int8() 提出的混合精度分解策略，对包含异常值的特征维度执行 16 位的矩阵乘法，对剩余的 99.9% 维度执行 8 位矩阵乘法。这样，在参数数量高达 1750 亿的大

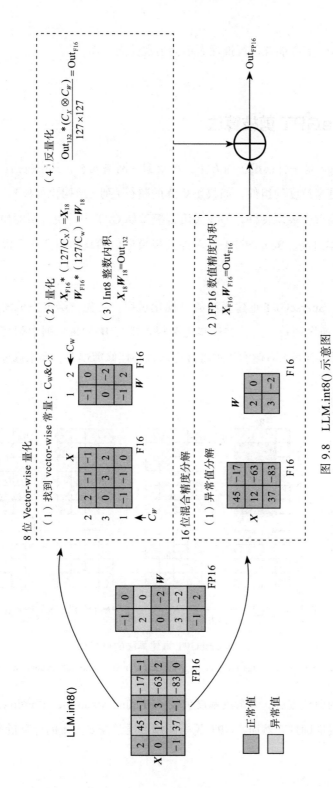

图 9.8 LLM.int8() 示意图

（图片来源：论文"LLM.int8: 8-bit Matrix Multiplication for Transformers at Scale"）

语言模型中，LLM.int8() 能够进行推理而不会出现性能下降。

9.5 SparseGPT 剪枝算法

剪枝（Pruning）是一种模型压缩方法，涉及删除网络元素，其中包括从单个权重（非结构化剪枝）到更高粒度的组件，如权重矩阵的整行 / 列（结构化剪枝）。尽管此方法在视觉和小型语言模型中表现良好，但在大语言模型如 GPT 中，由于精度损失需要大量再训练来恢复，成本过高。SparseGPT 是一种大规模近似稀疏回归算法，旨在有效地解决此问题。

图 9.9 展示了 SparseGPT 重建算法的可视化过程。首先，给定一个固定的剪枝掩码 M，使用 Hessian 逆序列 $(H_{v_j})^{-1}$，并逐步更新权重矩阵 W 的每一列中剩余权重。具体来说，修剪后的权重（深色）右侧的权重将被更新以补偿修剪误差，而未修剪的权重将不会生成更新（浅色）。

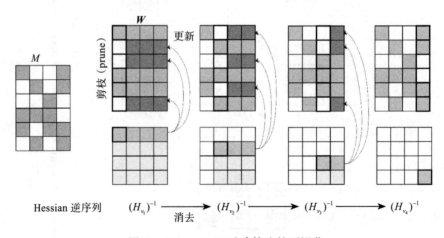

图 9.9　SparseGPT 重建算法的可视化

（图片来源：论文"SparseGPT: Massive Language Models Can Be Accurately Pruned in One-Shot"）

大多数现有的剪枝方法，如渐进幅度剪枝（Gradual Magnitude Pruning），剪枝后需要大量再训练以恢复准确性。然而，GPT 规模的模型通常需要大量的计算量和参数调整量，这使得基于再训练的方法难以应用。因此，在 GPT 规模的模型上应用这种渐进的剪枝方法是不现实的。

SparseGPT 是针对 GPT 规模模型的后训练方法，因为它不执行任何微调。这种方法主要侧重于模型的稀疏化，即通过剪枝部分参数来减少模型的大小和计算复杂度。目前，除了稀疏化，量化也是最常采用的模型压缩方法，如 ZeroQuant、LLM.int8() 和 nuQmm 等方法，它主要通过降低参数的精度来缩小模型。然而，这些方法在处理某些特殊的情况，如异常特征时，可能会遇到困难。GPTQ 量化方法采用了一种不同的策略。它利用近似二阶信息将权重精确量化到 2～4 位，适用于最大的模型。当与高效的 GPU 内核相结合时，GPTQ 可以实现 2～5 倍的推理加速。

因此，SparseGPT 可以视为对量化方法的补充。它侧重于稀疏化，而 GPTQ 方法侧重于量化。在实际应用中，这两种方法可以结合使用，以达到最佳的模型压缩和推理加速效果。此外，SparseGPT 不仅适用于非结构化剪枝，也适用于半结构化剪枝，如流行的 n∶m 稀疏格式（2∶4 和 4∶8）。在 Ampere NVIDIA GPU 上，可以以 2∶4 的比例实现加速。这意味着 SparseGPT 可以在保持模型性能的同时，通过稀疏化和半结构化剪枝，实现模型的压缩和推理加速。值得注意的是，SparseGPT 的方法是局部的：在每个剪枝步骤后，它都会执行权重更新，以保留每一层的输入输出关系。这些更新是在没有任何全局梯度信息的情况下计算的，因为 SparseGPT 的目标是在保持模型性能的同时减少模型的计算复杂度。因此，SparseGPT 并不是在全局范围内优化模型的所有参数，而是在每个剪枝步骤后局部地更新权重。

GPT 模型的高度参数化使得 SparseGPT 能够从稠密的预训练模型中识别出稀疏的模型。这种稀疏模型可以看作原始稠密模型的一个"近邻"，它保留了原始模型的大部分性能，但同时大大减少了计算复杂度。另外，SparseGPT 实验所采用的准确度指标（困惑度）非常敏感，这意味着生成的稀疏模型的输出需要与原始稠密模型的输出非常接近。这是一个挑战，因为在剪枝和权重更新的过程中，需要确保不会丢失对模型性能有重要影响的参数。在参数规模巨大的模型中，非结构化（Element-wise）或半结构化（Vector-wise）稀疏化的冗余度相对较高，这意味着这些模型中有大量的参数可以被剪枝而不会对模型性能产生显著影响。与此同时，相比于结构化剪枝，这些非结构化或半结构化的稀疏化方法面临的精度损失风险更低，因为它们可以更灵活地选择剪枝的参数。SparseGPT 支持高比例的模型压缩，其高效的稀疏正则化可以帮助降低训练成本。通过在每个剪枝步骤后局部地更新权重，以保留每一层的输入输出关系，从而在缩小模型的同时保持模型性能。然而，稀疏化压缩的推理部署需要稀疏访存与计算算子的支持。这意味着，为了充分利用 SparseGPT 的压缩效果，它需要在硬件和软件层面上支持稀疏计算。这可能需要开发新的稀疏计算库，或者优化现有的计算库以支持稀疏操作。为了达到理想的压缩与加速效果，需要扩大 SparseGPT 算法在模型训练期间的适用性，以降低训练大模型的计算成本。

9.6　开源大语言模型的低算力迁移案例

9.6.1　基座模型

Meta 开源的 LLaMA（预训练模型）是众多低算力迁移方案中的首选基座模型，该模型发布于 2023 年 2 月 24 日，有多个不同参数规模的版本（具体数据见表 9.2）。Meta 使用总计 1.4 万亿的 token 作为 LLaMA 的训练数据，其中 CommonCrawl 的数据占比 67%，C4 数据占比 15%，GitHub、Wikipedia、Books 这三项数据均各自占比 4.5%，ArXiv 占比 2.5%，StackExchange 占比 2%。

表 9.2　LLaMA 参数规模版本 ⊖

参数大小	维度	n 头	n 层	学习率	样本大小	token
67 亿	4 096	32	32	3.0×10^{-4}	4MB	1.0 万亿
130 亿	5 120	40	40	3.0×10^{-4}	4MB	1.0 万亿
325 亿	6 656	52	60	1.5×10^{-4}	4MB	1.4 万亿
652 亿	8 192	64	80	1.5×10^{-4}	4MB	1.4 万亿

通过在常识推理、问答、数学推理、代码生成、语言理解等多个任务上的性能对比

⊖　数据来源：论文"Llama: Open and efficient foundation language models"。

评测，LLaMA 在大多数评测任务中的效果好于同等参数规模的 GPT-3，例如，130 亿个
参数版本的 LLaMA 在多项基准上的测试效果要好于参数规模高达 1750 亿的 GPT-3，而
对于 650 亿个参数的 LLaMA，则可与 DeepMind 的 Chinchilla（700 亿个参数）和谷歌的
PaLM（5400 亿个参数）的测试效果旗鼓相当。

9.6.2　自举指令微调的羊驼系列

羊驼（Alpaca）模型是斯坦福大学在 2023 年 3 月中旬发布的低算力迁移模型，该
模型选用 Meta LLaMA 7B 作为基座模型，采用 9.1 节介绍的指令自举标注算法通过
ChatGPT 构建 5.2 万个数据集，并采用 LoRA 的算法对 LLaMA 进行指令微调，其在对话
上的性能接近 GPT-3.5（Text-davinci-003），如图 9.10 所示。

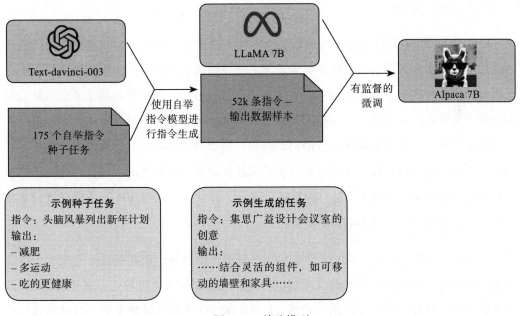

图 9.10　羊驼模型

（图片来源：论文 "Alpaca: A Strong, Replicable Instruction-Following Model"）

指令微调的方式相当于完成了人类反馈强化学习的第一阶段（即 SFT 阶段），并没有
真正的完成人类反馈强化学习的全过程。但是 Alpaca 给出了一个低成本的迁移方案，它

仅在 8 个 80GB A100 上训练了 3h，其总成本在 500 美元左右。Alpaca 模型发布后，后续有多个类似模型，通过添加更多的训练数据，结合 LoRA 的方式指令微调 Meta LLaMA 模型。Alpaca 给出了一种自举指令微调的范式，即用大模型作为"教师"生产训练数据，就可以让小模型作为"学生"学习到大模型的知识与能力。

9.6.3　中文解决方案

Meta LLaMA 预训练数据主要以英文语料为主，其中文语料不足，斯坦福的 Alpaca 中也只包含英文种子任务。如何以非中文的预训练模型为基础，以较低的成本提升大语言模型的中文能力，是国内进行领域迁移的迫切需求，具体方法主要包括采用中文数据在基座模型上进行预训练，并通过中文指令微调，以及扩充中文词表。

（1）Linly-ChatFlow

Linly-ChatFlow 项目通过中文数据在基座模型上进行预训练，并加入中文指令进行微调的方式来提升大语言模型的中文处理能力。在训练数据方面，该模型采集了各类中文语料和指令数据，如图 9.11 所示。在无监督训练过程中，该模型利用了上亿条高质量的公开中文数据，包括新闻、百科、文学、科学文献等类型。值得注意的是，该模型在训练初期就加入了大量中英文平行语料，以帮助模型将其对英文的处理能力快速迁移到中文上。在指令微调阶段，该项目汇总了开源社区的指令数据资源，包括多轮对话、多语言指令、GPT-4/ChatGPT 问答、思维链数据等，并从中筛选出 500 万条数据进行指令微调，从而得到了 Linly-ChatFlow 模型。

Linly-ChatFlow 模型通过用中英文平行语料进行预训练，使其在高维空间的中英文表示得到对齐，从而使模型的英文处理能力得以迁移到中文上。目前，基于 LLaMA 的中文模型通常使用 LoRA 方法进行训练，LoRA 冻结预训练的模型参数，通过往模型中加入额外的网络层，并只训练这些新增的网络层参数，来实现快速适配。虽然 LoRA 能够提升训练速度且降低设备要求，但性能上限低于全参数训练。由于采用了对所有参数量级的全参数训练，Linly-ChatFlow 模型的训练开销大约是 LoRA 的 3 ～ 5 倍，这也使得它能够获得更强的中文语言处理能力。

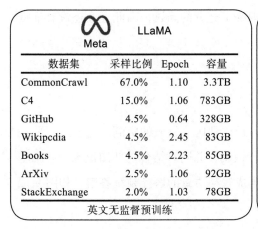
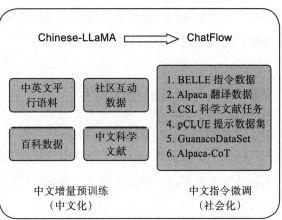

图 9.11　Linly-ChatFlow 训练流程图

Linly-ChatFlow 模型利用 TencentPretrain 多模态预训练框架，集成 DeepSpeed ZeRO3 以进行 FP16 流水线并行训练。此外，该模型还集成了高可用模型量化推理方案，支持 INT4 量化 CPU 推理，可以在手机或笔记本电脑上使用，使用 CUDA 加速的 INT8 量化可以在消费级 GPU 上推理 13B 模型。

（2）Chinese-Alpaca

Chinese-Alpaca 项目在原版 LLaMA 的基础上进行了中文词表扩充，并使用中文数据进行二次预训练，以进一步提升中文基础语义理解能力。中文词表的扩充和中文数据的预训练都是为了解决原版 LLaMA 模型对于多语种支持不足的问题。在预训练阶段，Chinese-Alpaca 使用了约 20GB 的通用中文语料进行了深入预训练。此阶段包括两个步骤：首先，冻结 Transformer 参数，仅训练词嵌入向量，以在最大程度上不干扰原模型的情况下适配新增的中文词向量；然后，采用 LoRA 技术为模型添加 LoRA 权重，在训练词嵌入向量的同时更新 LoRA 参数。

指令微调阶段与 Stanford Alpaca 的基本相同，训练方案也采用了 LoRA 方式，并进一步增加了可训练参数数量。值得注意的是，与 Linly-ChatFlow 模型相比，Chinese-Alpaca 还扩充了原有的词表，以解决原版 LLaMA 的词表需要多个"子词单元"才能拼成一个完整的汉字，从而导致信息密度降低的问题。然而，由于高质量的中文语料相对不足，扩充中文词表也可能会进一步加剧中文训练不充分的问题，因此至今还没有证据证明扩充中文词表的有效性。

9.6.4 医疗领域的迁移实例

ChatDoctor 是一个将开源大语言模型低算力迁移到医疗领域的实例。此模型主要是采用医患对话数据对 Meta LLaMA 基座模型进行微调，并同时结合外部知识源，如维基百科或疾病数据库，提供医疗信息查询，从而生成较高质量的医疗领域答案，如图 9.12所示。

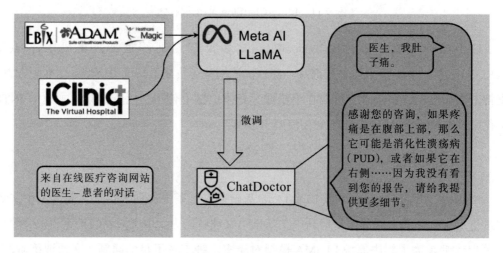

图 9.12 ChatDoctor 架构图

（图片来源：论文 "Chatdoctor: A medical chat model fine-tuned on llama model using medical domain knowledge"）

其主要的训练流程如下：首先，利用源自斯坦福大学 Alpaca 项目的 52K 指令数据对 LLaMA 基座模型进行微调；然后，使用医患对话数据再次对基座模型进行微调。上述对话数据主要来源于在线医疗咨询网站 HealthCareMagic，它包括约 100 000 条真实的医患对话。这些数据被收集后，进行了筛选以及去除个人身份信息等去隐私化处理，并进行了语法错误的修正。

为了提升模型的准确度，ChatDoctor 还构建了一个基于维基百科和医疗领域数据库的知识库，使模型能够获取实时权威信息以回答问题，这在错误容忍度较低的医疗领域显得尤其重要。此外，还构建了一个包含约 700 种疾病及其相关症状、后续医学检查措施和推荐药物的数据库，作为医学领域的数据标准。为了更好地结合外部知识库，ChatDoctor 采用关键词挖掘提示方法获取相关知识搜索所需的关键术语，如图 9.13 所示。然后，通过这些术语，检索系统从知识库中检索出排名靠前的相关段落。

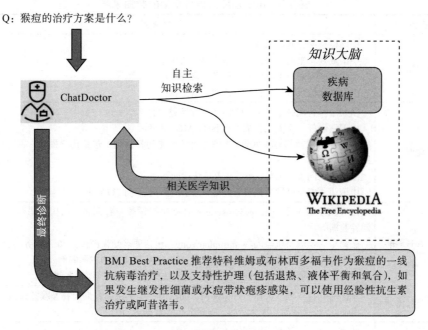

图 9.13　基于知识大脑的自主 ChatDoctor

鉴于模型无法一次性阅读所有的疾病数据库数据，ChatDoctor 首先让模型以批量方式读取数据，并自行选择可能有助于回答问题的数据条目。然后，将模型选择的所有数据条目再返回给模型，以产生最终的答案。因此，让经过医疗领域数据微调后的语言模型从外部知识库选择与输出答案，可以很好地提升医疗领域问题回答的可靠性与准确性。

9.6.5　司法领域的迁移实例

LawGPT_zh、LexiLaw、Lawyer LLaMA 以及 JusticGPT 是国内在大语言模型的司法领域的低算力迁移实例。Lawyer LLaMA 和 JusticGPT 选择了 LLaMA 13B 作为基座模型，

而 LawGPT_zh 与 LexiLaw 则选择了 ChatGLM-6B 作为基座模型。

这些大模型的训练方案都采用了 LoRA 的方法，训练过程可以分为两个阶段：第一阶段是在大规模法律文书和法典等数据上对基座模型进行预训练，第二阶段则是在法律领域的对话问答数据集上进行基于预训练模型的指令微调。其数据来源如表 9.3 所示。

表 9.3 司法领域大语言模型的数据来源

类型	数据来源
官方数据	中国检查网：起诉书等 中国裁判文书网：裁决书、裁定书、决定书等 司法部国家司法考试中心：行政法规库、法考真题等 国家法律法规数据库：官方法律法规数据库
竞赛数据	中国法律智能技术评测（CAIL）历年赛题数据 中国法研杯司法人工智能挑战赛（LAIC）历年赛题 百度知道法律问答数据集：约 3.6 万条法律问答数据，包括用户提问、网友回答、最佳回答 法律知识问答数据集：约 2.3 万条法律问答数据 中国司法考试试题数据集：约 2.6 万条中国司法考试数据集
第三方开源	LaWGPT 数据集 @pengxiao-song：包括法律领域专有词表、结构化罪名数据、高质量问答数据等 法律罪名预测与机器问答 @liuhuanyong：包括罪名知识图谱、20 万法务问答数据等 法律条文知识抽取 @liuhuanyong：包括法律裁判文书和犯罪案例 中国法律手册 @LawRefBook：收集各类法律法规、部门规章案例等
法律服务网站	华律网、找法网、大律、好律师网、问法网：提供法律咨询问答等服务数据 Flssw：法律咨询、法律新闻、案例分析等数据
书籍期刊	法律词典、电子书、期刊论文等

在第二阶段的指令微调中，除了使用来自法律服务网站的问答数据外，还引入了指令自举标注的方法，利用 ChatGPT 等大语言模型生成更多的问答数据，或对已有的问答数据进行清洗和优化。以 LawGPT_zh 为例，它采用了一种基于特定知识的 Reliable-Self-Instruction 方法，如图 9.14 所示。这种方法通过提供具体的法律知识文本，让 ChatGPT 先生成与该段法律知识内容以及逻辑关系相关的若干问题，然后通过"文本段—问题"对的方式，让 ChatGPT 回答问题，以此来生成包含法律信息的回答，并确保回答的准确性。

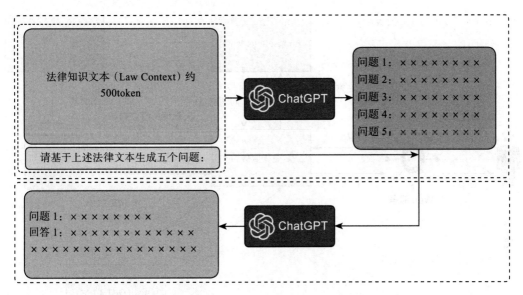

图 9.14　LawGPT_zh 指令自举标注示意图

LawGPT_zh、LexiLaw、Lawyer LLaMA 等大语言模型的主要定位在于提供法律咨询服务。与上述模型不同，JusticGPT 是一个由湘潭大学智慧司法重点研发团队开发的实验性质的司法决策辅助大语言模型项目。JusticGPT 的基础架构建立在大语言模型之上，通过指令微调，进一步提升模型在理解和生成法律语言方面的性能，包括理解法律术语、理解和分析案例，以及生成法律决策建议等。同时，该项目通过引入外部知识库来增强模型的决策能力。这类知识库包含大量的案例和裁判文书，这些案例和裁判文书经过嵌入算法转化为向量，存入向量知识库。

以类案查询为例，用户的查询会先转化为嵌入向量，然后利用向量相关性算法在向量库中找到最匹配的 TopN 案件。找到最匹配的案件后，这些案件会作为上下文，与用户提交的案件一起作为提示提交给 JusticGPT。JusticGPT 会分析这些上下文和提交的案件，生成相应的案件相似性排序，如图 9.15 所示。

JusticGPT 是一个富有挑战性的项目，通过结合大语言技术和大规模的法律知识库，可大大提高典型司法过程及业务中司法决策的效率和准确性，实现真正的人工智能辅助决策。

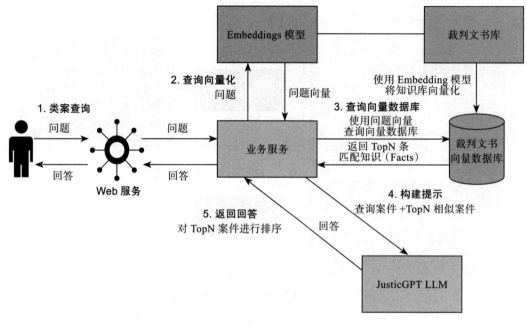

图 9.15　JusticGPT 架构示意图

9.7　小结

在垂直领域进行大语言模型的微调或迁移，一般方法是对开源预训练模型（亦称为基线模型）进行微调以适应特定领域的下游任务。此过程主要面对两大挑战：减少人类反馈的标注成本和缩小训练及部署的计算需求。

多数现有开源迁移模型仅进行了指令微调，这相当于人类反馈强化学习中的监督微调（SFT）阶段。虽然存在 LLaMA 的 RLHF 版本，如 ChatLLaMA（英文版）和 ColossalChat，但这些模型在参数规模及任务表现上并无明显优势。另外，特定领域的迁移需要设计奖励模型和进行 PPO 微调的特定领域数据，进而增加了领域数据人工标注的成本。

国内在开源大语言模型的垂直领域迁移方面特别活跃，除了本章介绍的医疗、法律领域外，还有众多企业和科研机构在金融、银行、教育等垂直领域纷纷进行尝试，推出了各种迁移模型。

　　需要强调的是，Meta 发布的 LLaMA 模型禁止商业应用。另外，指令微调的数据集如 Alpaca 扩展数据集，是采用指令自举技术利用 OpenAI 大语言模型 API 生成的数据。若将这些数据用于商业目的，则可能与 OpenAI 本身产生不可避免的商业冲突，进而带来知识产权的风险。

第 10 章

中间件编程

以 ChatGPT 为代表的自回归大语言模型存在两个显著的局限性。首先，因为模型参数规模太大，从而调整的成本相当高，模型的知识库无法持续通过参数调整的方式进行更新。其次，自回归模型无法自主验证知识的正确性。因此，向这类大语言模型注入外部知识，以及增强其在数理逻辑等方面的推理能力变得至关重要。此外，在利用大语言模型整合不同领域的工作流时，用户需要具备长期记忆和分割工作流程的工具集以完成特定领域的任务。这样的需求催生了大语言模型的中间件生态。预计未来三到五年，中间件市场将快速发展，以满足不同领域的需求，特别是在引入外部知识、强化推理能力、优化提示及整合工作流程等方面。

10.1 补齐短板——LangChain 恰逢其时

LangChain 是一个开源的大语言模型中间件框架，拥有活跃的开源社区，旨在帮助开发人员使用大语言模型构建端到端的应用程序。目前的大语言模型大多数都支持通过 REST API 的方式进行访问，LangChain 不仅可以调用大语言模型 API，还可以解决诸如将大语言模型与企业内部知识搜索（如内部文档、数据库、SharePoint 等）集成、与其他系统（如 SAP、ERP、CRM、HR 系统、IT 票务系统等）互动、追踪对话历史记录、以配置化的方式将提示融入代码中、优化 token 的使用、在服务限制内进行操作并规避服务配额和限制等问题。此外，LangChain 还可以作为业务流程中的协调程序，整合各种依赖项（如 OpenAI、Azure 搜索、数据库等）的输入与输出，并进行适当的组织与管理。

因此，LangChain 是一套强大且多元化的工具和组件集合，目标在于简化基于大语言模型应用程序的过程。它具有以下七大核心功能。

1）模型。LangChain 提供了大语言模型调用接口的封装，并为三种不同的封装类型（文本模式、对话模式和嵌入模式）提供支持。

❑ 文本模式：以文本字符串作为输入，返回文本字符串作为输出。
❑ 对话模式：LangChain 封装了对话的上下文，以聊天消息列表作为输入，返回一个聊天消息。
❑ 嵌入模式：将文本作为输入，返回一组文本的 token 嵌入。
❑ LangChain 封装了现有市场上多个大语言模型的调用接口，让开发者可以在各种大语言模型间无缝切换，减轻了对特定平台的依赖。

2）提示。LangChain 为各种应用场景提供了丰富的提示模板。它不仅支持基础的文本和对话模式，而且允许对输出进行格式化定制，从而简化了底层大语言模型的切换、提示的管理和优化等操作（见图 10.1）。

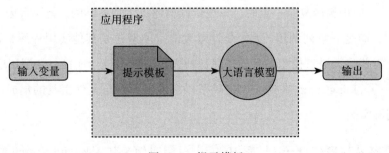

图 10.1　提示模板

3）内存。内存模块是 LangChain 更复杂的应用，例如将链 / 代理调用之间持续保持的状态作为上下文内容，在不同的请求之间传递，使得大语言模型能够记住之前的交互。该模块为上下文管理提供了标准接口、多种上下文实现以及使用上下文的链/代理实例。

4）索引。如图 10.2 所示，索引模块使得将外部知识源注入大语言模型中成为可能，主要提供了文档的读写接口、文本切片以及 token 接口等功能。读写接口提供各种文档类型的读写接口，文本切片提供将大文档切分的功能，token 接口提供将文档向量化的功能。

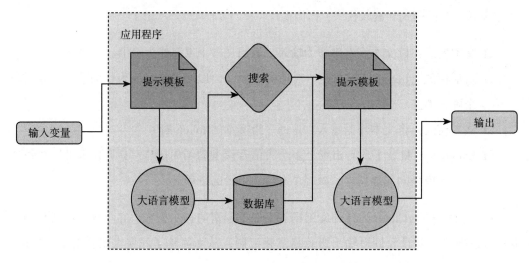

图 10.2 索引模块

5）链。当应用稍微复杂一点时，单纯依赖构建提示是不够的，链不局限于单次大语言模型调用，而是一系列调用（无论是针对大语言模型还是其他实用程序）的序列。这时，还可能需要将大语言模型与其他信息源或大语言模型进行连接，如调用搜索 API 或外部数据库等。LangChain 在这一层提供了以标准接口、与其他工具的集成以及常见应用的端到端链实例。

举个更容易理解的例子（见图 10.3）：一个叫做 Self Ask with Search 的链实现了 OpenAI API 和 SerpApi（Google 搜索 API）的联动，让大语言模型一步步回答出了美国网球公开赛冠军的故乡。

```
In [1]:    from langchain import SelfAskwithSearchchain , OpenAI ,
           SerpAPIChain

           llm = OpenAI ( temperature=0)
           search = SerpAPIChain ( )

           self_ask_with_search =
           SelfAskwithSearchChain( llm=llm, search_chain=search)

           self_ask_with_search.run ( "美国公开赛男子组的卫冕冠军的家乡
           是哪里？")
```

美国公开赛男子组的卫冕冠军的家乡是哪里？
这里是否需要后续的问题：是的。
追问：谁是美国公开赛的卫冕冠军？
中间答案：卡洛斯·阿尔卡拉斯。
追问：卡洛斯·阿尔卡拉斯是哪里人？
中间答案：西班牙 穆尔西亚 埃尔帕尔马。
所以最后的答案是：西班牙 穆尔西亚 埃尔帕尔马。

Out [1]: "美国公开赛男子组的卫冕冠军的家乡是哪里？ \这里是否需要后续的问题：
是的。\n 追问：谁是美国公开赛的卫冕冠军？ \ 中间答案：卡洛斯·阿尔卡拉
斯 \n 追问：卡洛斯·阿尔卡拉斯是哪里人？ \n 中间答案：西班牙 穆尔西亚
埃尔帕尔马 \n 所以最后的答案是：西班牙 穆尔西亚 埃尔帕尔马"

图 10.3　链的应用：Self Ask with Search

　　6）代理。代理模块的复杂度超过了链模块。如图 10.4 所示，代理不仅仅是工作流的分治，在此模块中，大语言模型可以自主选择行动和工具，包括搜索引擎、各类数据库、任意输入或输出的字符串等，甚至可以是另一个大语言模型、链或代理。LangChain为 Agent 提供了标准接口、可供选择的代理类型以及端到端代理实例。

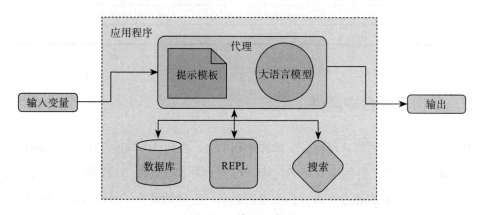

图 10.4　代理示意图

7）回调。回调模块增强了对链或代理内发生事件的可观察性和内省性，使得跟踪和管理过程更为简便。

总的来说，LangChain 为开发者提供了一套强大的工具和组件集合，使得开发基于大语言模型的应用程序变得更为简单。LangChain 不仅实现了将外部知识源注入 ChatGPT 等大语言模型中，还增强了模型在数理推理等方面的性能，进一步提升了大语言模型在各领域任务中的表现。因此，LangChain 已经发展成为最为流行的大语言模型中间件框架，并获得了广泛的第三方支持（见表 10.1）。

表 10.1　LangChain 提供的功能或支持的集成

功能	支持的集成
数据预处理	UnstructuredIO、Airbyte
数据索引	GPT-Index
文档 & 文本切割器	Generic Recursive Text Splitter、Markdown Splitter、Python Code Splitter
向量数据库与检索	FAISS、Pinecone、Weaviate、Elastic
图数据库	Chroma
外部知识或操作	SerpApi、Searx、Wikipedia API、Wolfram Alpha、Zapier Natural Language Actions API
LLM API	OpenAI、Hugging Face、Cohere、Anthropic、PaLM、GooseAI、Cerebrium AI、Forefront AI、Petals
嵌入式引擎	OpenAI、Hugging Face、Cohere
可观测性	Helicone、Prompt Layer、Weights&Biases
应用部署	Streamlit、Hugging Face(Gradio)、Steamship、Kookaburra
模型评估数据集	Hugging Face (Truthful QA)、LangchainDatasets
模型输出验证与结构化框架	Kor、GuardRails

10.2　多模态融合中间件

基于大语言模型的语言理解、生成和推理能力，中间件如 ViperGPT、VisualGPT 和 HuggingGPT 将大语言模型作为智能代理，以管理并调度各类 AI 模型，从而实现多模态任务处理。这种方法通过将语言作为通用接口，有效地解决了目前大语言模型（例如

GPT-4，其多模态功能尚未公开）在处理复杂现实场景任务时（这些任务由多个子任务组成，并需要多模型协同处理）的问题。

以 HuggingGPT 为例，作为中间件，它以大语言模型（如 ChatGPT）为基础，调度 Hugging Face 社区的各种 AI 模型。具体来说，HuggingGPT 接收用户请求，使用 ChatGPT 进行任务规划，根据 Hugging Face 社区中可用模型的功能描述进行模型选择，执行各个子任务，并根据执行结果生成汇总响应。

HuggingGPT 的工作流程包括 4 个阶段，如图 10.5 所示。

1）任务规划。大语言模型将用户请求解析为任务列表，并明确执行顺序及任务间的依赖关系；

2）模型选择。大语言模型根据 Hugging Face 专家模型的描述进行选择；

3）任务执行。根据任务顺序和依赖关系执行指定的任务在远端或本地端运行（混合端）；

4）响应生成。大语言模型整合各专家模型的推理结果，生成工作流日志摘要，并以此生成对用户的响应。

10.2.1 任务规划

任务规划（Task Planing）阶段是 HuggingGPT 的关键环节，负责解析和拆分用户请求。借助规范的指令解析和示例的任务解析，HuggingGPT 能够准确地解析任务并明确任务的执行顺序。

大语言模型（例如 ChatGPT）接收用户的请求，并将其分解为一系列结构化的子任务。复杂的请求通常涉及多个任务，大语言模型需要确定这些任务之间的依赖关系和执行顺序。为了使大语言模型能够有效地进行任务规划，HuggingGPT 在提示设计中采用了基于指令模板的提示（零样本）和基于示例的提示（单样本或少样本）。

图 10.5　HuggingGPT 的工作流程

（图片来源：论文"Hugginggpt: Solving ai tasks with chatgpt and its friends in huggingface"）

在基于指令模板的设计中，任务规范为任务提供了统一的模板，让大语言模型可以通过填充固定格式的参数列表来解析任务。HuggingGPT 为任务解析设计了 4 个参数：任务 ID、任务类型、任务依赖项和任务参数。

任务 ID 为任务规划提供了唯一的标识符，用于引用依赖任务及其生成的资源。任务类型包括语言、视觉、视频、音频等，任务类型及对应参数如图 10.6 所示。任务依赖项定义了任务执行所需的先决条件，任务将在所有依赖任务完成后才启动。任务参数包括执行任务所需的参数列表，根据任务类型，它可能包括填充文本、图像和音频资源，这些资源可能来自用户请求的解析，也可能来自依赖任务生成的资源的解析。

任务	参数类型
Text-cls	text
Token-cls	text
Text?text-generation	text
Summarization	text
Translation	text
Question-answering	text
Conversational	text
Text-generation	text
Tabular-cls	text

a）NLP 任务

任务	参数类型
Image-to-text	image
Text-to-image	image
VQA	text + image
Segmentation	image
DQA	text + image
Image-cls	image
Image-to-image	image
Object-detection	image
Controlnet-sd	image

b）CV 任务

任务	参数类型
Text-to-speech	text
Audio-cls	audio
ASR	audio
Audio-to-audio	audio

c）音频任务

任务	参数类型
Text-to-video	text
Video-cls	video

d）视频任务

图 10.6　不同任务类型对应的参数类型

在基于示例的提示设计中，HuggingGPT 采用了上下文学习，以实现更有效的任务解析和规划。提示中包含多个示例，帮助大语言模型更好地理解任务规划的意图和标准。每个示例都是关于任务规划的输入和输出组合——用户请求和预期解析的任务序列。这些示例通过任务依赖关系，有效地帮助 HuggingGPT 理解任务之间的逻辑关系，以确定执行顺序和资源依赖。此外，对话上下文管理对大语言模型至关重要，因为它通过记录历史聊天记录（{{ Chat Logs }}），以帮助理解用户请求。

10.2.2　模型选择

模型选择（Model Selection）是为任务列表中的每个任务挑选最适合的模型。HuggingGPT 借助 Hugging Face Hub 的专业模型描述和基于上下文的任务——模型匹配机制，实现了灵活、可拓展且持续增强的模型获取能力。

1）模型描述。每个托管在 Hugging Face Hub 上的工具模型都配备详尽的模型描述，通常由模型的开发者提供。这些描述包括模型的功能、结构、支持的语言、应用领域、许可等信息。这些详细信息让 HuggingGPT 在选择模型时能够根据用户请求与模型描述的相关性进行决策。

2）基于上下文的任务—模型匹配。HuggingGPT 把任务和模型的匹配问题看作一个单选问题，即在给定的上下文中，选择最佳模型作为备选项。通过在提示中整合用户的查询和解析任务，HuggingGPT 能够为当前任务选出最适合的模型。然而，由于最大上下文长度的限制，有时可能无法在提示中包含所有相关模型的信息。为解决此问题，Hugging Face 会根据任务类型过滤模型，只保留与当前任务类型匹配的模型。接着，依据这些模型在 Hugging Face 上的下载次数进行排序，这个指标在一定程度上反映了模型的质量，因此，可以选取排名靠前的模型作为 HuggingGPT 的备选模型。

10.2.3　任务执行

在为特定任务分配适合的模型后，接下来的步骤是任务执行（Task Execution），即进行模型推理。为了提高效率和确保计算的稳定性，HuggingGPT 在混合推理端点上（AI 模型运行于远端的 Hugging Face Hub 或本地端点）运行这些模型。模型以任务参数作为输入计算推理结果，然后将结果返回给大语言模型。为了进一步提高推理效率，无资源依赖的模型可以并行执行。也就是说，只要满足依赖关系，多个任务就可以同时启动。

关于混合端点，在理想状态下，所有的推理都应在远端的 Hugging Face Hub 平台上执行。然而，在某些特殊情况下，例如某些模型的 Hugging Face Hub 推理端点不存在、推理耗时过长或网络访问受限，就需要部署本地推理端点。为了保证系统的稳定性和效率，HuggingGPT 会在本地运行一些常用或耗时长的模型。本地推理端点的运行速度快，但可覆盖的模型种类有限，而 Hugging Face Hub 平台的推理端点则相反。因此，系统会优先使用本地端点，在找不到匹配的本地模型时，HuggingGPT 才会选择在 Hugging Face Hub 平台上运行模型。

对于资源依赖问题，尽管 HuggingGPT 具备通过任务规划设定任务顺序的能力，但在任务执行阶段，有效管理任务之间的资源依赖关系仍具有挑战性。问题的关键在于任务执行序列中，后续执行的任务依赖于先前的任务执行后的结果。在任务规划阶段，HuggingGPT 无法为任务分配未来才能生成的资源。为了解决这个问题，HuggingGPT

会把将任务执行依赖的资源标记为 {{task_id}}，其中 task_id 代表任务 ID，具有全局唯一性。在任务规划阶段，如果有任务依赖于由 task_id 标识的任务生成的资源，HuggingGPT 会把该符号设为任务参数中相应资源的子字段。然后，在任务执行阶段，HuggingGPT 会动态地将该符号替换为先前任务生成的资源。这种策略使 HuggingGPT 能够在任务执行过程中有效处理资源依赖关系。

任务执行阶段是 HuggingGPT 的一个核心环节，其在混合推理端点上运行选定的模型以完成任务。通过有效利用本地和 Hugging Face 推理端点的优势，以及使用任务 ID 管理资源依赖关系，任务执行阶段能够实现高效的推理。

10.2.4　响应生成

响应生成阶段是 HuggingGPT 完成任务并生成最终回复的重要环节。HuggingGPT 通过整合来自任务规划、模型选择和任务执行阶段的信息，并将结构化推理结果转化为自然语言，从而为用户提供有用且易于理解的输出。这使得 HuggingGPT 成为一个功能强大、易于使用的中间件，可以帮助开发者和用户在各种应用场景中轻松利用机器学习社区（如 Hugging Face）中的各种 AI 模型。

HuggingGPT 作为中间件，通过利用大语言模型作为智能代理，调用机器学习社区（如 Hugging Face）中的各种 AI 模型，实现对 AI 任务的解决。尽管 HuggingGPT 表现出强大的功能，但它也存在一些局限性，如效率、最大上下文长度和系统稳定性等问题。

10.3　AutoGPT 自主代理与任务规划

AutoGPT 充分发挥了大语言模型在任务规划和智能代理方面的能力。在设定一个或多个长期目标后，AutoGPT 可以创建和修改提示自行与大语言模型交互，创建并执行任务，设定任务优先级，并优先完成新任务。这个过程将持续进行，直到所有目标都得以实现。AutoGPT 还能够通过矢量数据库和文件进行短期和长期记忆的管理，并执行各种基于互联网的操作，如网络搜索、网络表单填写和 API 交互等。

　　AutoGPT 的自治能力依赖于大语言模型的任务规划能力和智能代理能力，以及对任务目标或任务执行反馈的处理。这构成了一种自我迭代的自治能力。而 ChatGPT 则不同，它需要人工为每个任务设定命令。最小化人工输入的运行能力是 AutoGPT 的一个重要特性，它使大语言模型不仅能生成文本，也能创建完整的项目。目前，AutoGPT 已成功应用于网页制作、博客生成、市场分析和交易策略提出、产品评论撰写和营销方案制定等场景。

　　类似 AutoGPT 的项目还有 Baby AGI 和 AgentGPT。Baby AGI 利用 OpenAI 和 Chromea 创建任务、设定任务优先级和执行任务，其创建新任务的依据是先前任务的结果和预设的目标。AgentGPT 提供了一个用户友好的基于 Web 的界面，让用户能为多个协调任务创建自主 AI/AGI 代理，以最小的交互达到预期结果。AgentGPT 无须安装，可以直接在浏览器上使用，这使其在与 AutoGPT 及其他替代方案的比较中具有优势。此外，还有 VisualGPT 与 HuggingGPT，这两个项目可以被视为在多模态场景下的自主代理与任务规划的特例。

　　基于 GPT-4 的 AutoGPT 可以通过自身的经验和反馈学习，随时间提高性能，其原理如图 10.7 所示。它可以创建长期业务计划和模型，并在无人干预的情况下执行，其主要的功能如下。

　　1）通过整合 Redis 或第三方存储服务，AutoGPT 为其对话机制提供长期和短期的记忆管理功能。这种设计使模型得以保存先前的输入并在后续的运算中应用这些信息。短期记忆在此场景下被视作一种临时存储信息的机制，通常在几秒至一分钟的时间范围内有效，而长期记忆则被用来存储大量的知识和长期的历史事件。AutoGPT 的短期记忆功能支持存储最多 64 000 个单词。这两种记忆功能的协同使得 AutoGPT 能够逐步学习和改进，进而发展成为一个高效的 AI 代理。

　　2）AutoGPT 将历史信息存储在列表中，并根据 token 的可用量在每次请求时向 GPT-4 发送尽可能多的历史消息。代码分析揭示，为了使 GPT-4 更加高效地完成任务，AutoGPT 在每次执行任务时都尽可能多地使用输入 token，当输入当前指令后，如果仍有空间存放更多历史信息，之前的指令将被取出并输入。此外，每次请求时，AutoGPT 都会向 GPT-4 提供当前时间等相关情景信息，以便处理与时间有关的内容。AutoGPT 保存了所有的历史信息，在每次查询时都会把当前实例最相关的信息发送给 GPT-4。

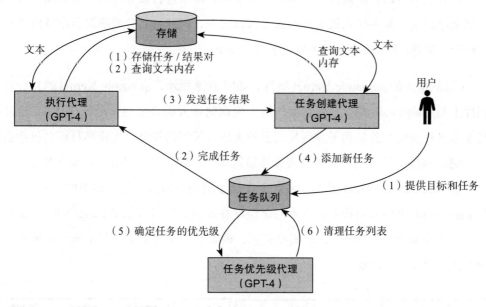

图 10.7　AutoGPT 原理

3）AutoGPT 利用其互联网访问功能进行数据采集，能够从互联网的各种来源搜索和收集信息。它可访问的资源范围广泛，包括社交媒体活动、财务数据、消费者行为和市场趋势等。这使得 AutoGPT 具备学习和适应新信息以及不断变化市场条件的能力，进而成为一款有用的数据收集和研究工具。

总体来说，AutoGPT 是一个实验性的开源项目，而非一个成熟的应用程序或产品。在复杂且真实的业务场景中，其表现可能并不理想。由于对上下文理解能力的限制，生成的文本可能需要额外的编辑和细化以适应预期的上下文，AutoGPT 可能会生成与当前任务无关的输出，导致时间和资源的浪费。AutoGPT 对任务完成情况的评估主要依赖于大模型的反馈，而当前还没有可行的方法来量化大语言模型的输出效果，其目标实现的准确性和真实性无法保证。此外，AutoGPT 可能会忽视其生成的代理的局限性，导致某些代理产生错误的感知。然而，尽管存在上述的限制，AutoGPT 仍然是一款强大的工具，尤其在处理那些可被拆解为更小部分的简单任务时表现优异。

10.4　中间件框架的竞品

大语言模型可以智能选择并运用适当的工具，甚至进行任务规划实现长期目标。中间件框架已经成为新一代人机交互的重要入口之一，因此自然会面临来自市场的激烈竞争。对于开发者，LangChain 的主要竞争对手如下：

1）微软推出的 Semantic Kernel 项目。如图 10.8 所示，Semantic Kernel 的目标在一定程度上与 LangChain 相似，但在架构图中强调的是大语言模型，而非 GPT-4。这是因为其业务流程协调服务采用了并行使用多种大语言模型的策略以实现其目标，包括会话管理、提示编排引擎、内存管理及服务连接需求（如对话历史记录、外部 API 等）等功能。然而，Semantic Kernel 更关注将大语言模型的能力嵌入现有应用中的工程师群体，这与 LangChain 主要面向独立开发者的定位存在差异。虽然微软是 LangChain 的强劲竞争者，但考虑到微软与 OpenAI 的紧密关系，微软在未来可能无法像 LangChain 那样灵活地支持多种大语言模型。

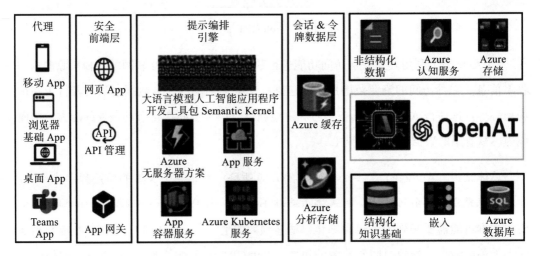

图 10.8　Semantic Kernel 人工智能接口 App 架构

2）Dust 和 Scale AI Spellbook 项目。这两个项目体现了大语言模型应用开发的无代码和低代码思路。尽管这些工具提供了出色的 UI/UX 设计，但许多开发者可能更倾向于拥有更丰富的功能和实验性，而非仅使用低代码工具。

3）GPT-Index 是基于 LangChain 构建的，其用例主要聚焦于内存和数据导入大语言模型。相比之下，LangChain 的功能更为抽象和全面，用户需要从中挑选出适合自己用例的组件进行组合。

对于终端用户，LangChain 的最大竞争对手是 ChatGPT 插件。LangChain 作为中间件，依赖 ChatGPT 的语言理解能力，将自然语言转换为能调用 Wolfram 工具（一个科学搜索引擎，拥有丰富的知识和事实）的符号化语言，以获取 Wolfram 的数理推理能力（图10.9）。然而，LangChain 获得 1000 万美元投资后不久，OpenAI 发布了官方的 ChatGPT 插件，其中一个示例就是 Wolfram 插件。ChatGPT 插件在设计上覆盖 LangChain 的多个功能模块。例如，ChatGPT 插件能够调用互联网数据，接入外部知识库，调用第三方工具。这意味着前文提到的 ChatGPT 的时效性和外部知识注入等短板都可以采用插件的方式弥补，这无疑会弱化 LangChain 这样的中间件在整个 ChatGPT 生态中的地位。

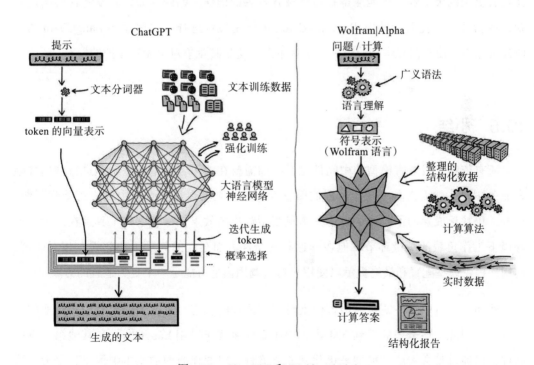

图 10.9　ChatGPT 和 Wolfram|Alpha

（图片来源：https://writings.stephenwolfram.com/2023/01/wolframalpha-as-the-way-to-bring-computational-knowledge-superpowers-to-chatgpt/）

关于 ChatGPT 插件的发布，主流观点认为 OpenAI 是出于商业化目的，意在构建大语言模型时代的应用商店。另有观点认为，OpenAI 发布插件是为了收集用户在解决特定任务时如何使用应用程序和 API 的行为数据。

目前，以大语言模型为基础、能正确理解用户意图、准确选择并运用适当的工具完成任务的新一代人机交互市场竞争日益激烈。除了 OpenAI 之外，Adept AI、Inflection AI 和 Meta 的 Toolformer 等都在争夺这个领域的主导地位。值得注意的是，如果大语言模型真的成为新一代的人机交互内核，那么其准确性和可靠性将是必要条件。

ChatGPT 插件对 LangChain 的生存空间产生了压力。然而，这些插件完全依赖 OpenAI 的大语言模型，对插件的提供者（包括 B 端用户）可能会带来不可预见的风险。相对而言，LangChain 可以适配多种开源或闭源的大语言模型，并在整合第三方资源方面具有更大的灵活性，更能赢得垂直领域开发者的信任。因此，如果开发者希望构建复杂的逻辑并自行托管后端应用，LangChain 可能是最佳选择。这得益于 LangChain 的开源社区能力，使其拥有丰富的第三方工具生态，这是其竞争对手无法比拟的。

10.5　小结

所有依赖于大语言模型的中间件工具，均需要在大语言模型的基础上进行调用并融合业务逻辑。然而，由于商业数据的敏感性，这类工具在很多企业中的应用受到限制。至今，仍缺乏成熟的量化评估方法来衡量模型输出的效果，尽管这些工具旨在成为生产环境下工作负载的关键环节，但在延迟和安全性方面存在的问题无法忽视。相对而言，向用户提供模型配置和最终提示以便用户自行调用模型可能是一个更为适宜的方案。

然而，通过中间件整合大语言模型对工作流程的改进有可能大幅提升中小企业的生产效率。因此，在未来的三到五年内，中小企业将逐步采用 LangChain 和其他第三方中间件，以通过整合大语言模型来优化其业务流程，以便在激烈的竞争中保持竞争力。这进一步揭示了中间件生态系统将拥有广阔的发展潜力。

第 11 章

大语言模型的未来之路

GPT-4 以其强大的能力吸引了全球的注意。随着人工智能的发展，人们对它可能对人类文明产生的威胁越来越担忧。在本书的写作过程中，以马斯克为首的 1000 多名科技和商业领袖联名要求科技公司暂停研发，并对 GPT-5 及其后续产品是否能达到甚至超越人类的智慧水平进行深度讨论。然而，也有人认为，GPT 引领的人工智能之路可能会受到数据资源和自身自回归模型的局限性的制约，而无法真正进入强人工智能的领域。本章将探讨大语言模型所面临的各种挑战。

11.1　强人工智能之路

GPT-4 将推理能力和人类知识库整合到一起，这种强大的逻辑性和推理能力不仅是 GPT-4 出色用户体验的基石，也为未来的进步指明了方向。人们自然会问，GPT 系列模型是否已经为强人工智能的发展铺平了道路？

当人们深入了解 GPT 系列模型的原理时，不由得会思考，这种基于自回归框架的大语言模型的强大能力究竟来源于何处？从数学或机器学习的角度来看，自回归语言模型是对词语序列的概率相关性分布的建模，即利用语句中词汇的组合（语句可以视为数学中的向量）作为输入条件，预测下一个时刻不同词汇出现的概率分布，理论上来说，它输出的序列规模越大，累计的误差也会越大。

OpenAI 所选择的技术路径（Transformer 的解码器架构）是基于数学的理性推导，还是神秘主义的"炼丹"？如果研究大语言模型的发展历史，一个显而易见的规律是，在更多的数据上训练更大的模型，当模型的规模达到一个临界值后，大语言模型（如 GPT-3、GLaM、LaMDA 和 Megatron-Turing NLG 等）开始展现出一些开发者未能预测的、更复杂的能力和特性，这被称为模型的涌现能力。

涌现能力无法使用规模法则（Scaling Law）来进行预测，这意味着这种能力并不是随着参数规模的增长而线性变化的，如图 11.1 所示。这些特定能力在达到某个阈值之前，其表现可能接近于随机，但一旦超过该阈值（可能在 $10^{22} \sim 10^{23}$ FLOPS 之间），其能力水平将会有显著提升。涌现能力的具体阈值取决于多种因素，例如在高质量数据上训练的模型可能需要较少的训练量和模型参数。

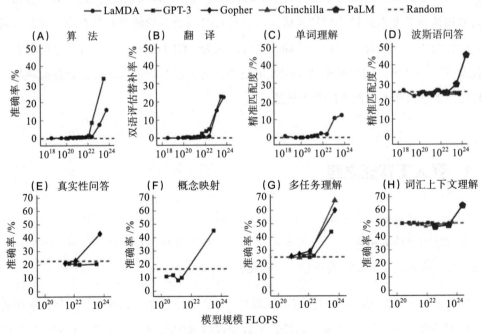

图 11.1　大语言模型的涌现能力

（图片来源：论文"Emergent abilities of large language models"）

如何理解大语言模型的这种涌现能力呢？ Transformer 模型具有分层的组织结构，包括多个处理单元层。通常有 6～8 个编码器和解码器层，代表不同层次的抽象。这些层通常代表了从简单到更复杂关系的不同抽象级别。在模型训练的过程中，每一层的输出都被用作下一层的输入，而模型的每个权重（Weight）都是在数据驱动下，通过定义的损失函数进行学习和更新。这种分层的结构和权重学习机制使大语言模型能够自动学习原始数据中的隐含特征和模式，并根据数据中的统计规律自适应地调整其内部参数。当模型参数规模不断增长达到一定的阈值后，模型就会表现出一些新的能力和特性。

人脑也具有类似的分层组织结构，大约有 1000 亿个神经元分布在大脑皮层的各层中，以分层的方式互相连接。大脑皮层的底层处理基本特征，如边缘和形状，而高级层处理对象、面孔、场景和抽象概念等更复杂的信息。令人惊讶的是，Transformer 模型与大脑皮层有一些相似之处。这两个系统都具有分层的结构，有许多神经连接的"层"，在不同的抽象级别上处理输入，并结合来自各种来源的信息。此外，Transformer 的"记忆"机制也类似于大脑皮层如何存储和检索不同时间点的信息，以理解语言和生成连贯的思想。

Transformer 模型还有一个强大的注意力机制，它允许网络的不同部分关注最相关的信息。在每一层，Transformer 的注意力机制都会计算编码器输出向量的加权和，以确定下一层最相关的元素。注意力头可以并行处理序列的不同部分，就像人类能够同时关注多个信息流一样。更重要的是，它可以关注关键输入并连接不同的概念。例如，当你在一个喧闹的聚会上与朋友交谈时，你的大脑可以在许多其他声音中关注他们的声音，还会在当前的讨论和以前的相关对话之间建立联系，这表明记忆之间存在基于注意力的连接。此外，大脑擅长处理顺序信息，如语言、运动技能、任务和时间推理。同样，Transformer 也是专为处理自然语言等顺序数据而设计的，它在这方面的熟练程度接近人类水平。

综上，Transformer 和人脑在分层组织、注意力机制和处理顺序信息方面有许多相似之处。这些相似性表明，大语言模型使用的策略与人脑处理自然语言的内在机制有相同之处。GPT-4 是具有里程碑意义的一代，据推测，它在参数规模上已经接近大脑神经元数量，并且开始采用多模态训练的数据。这将带来多模态能力的涌现，比如从语音、视觉或语音—视觉—文字语义融合角度涌现出新的能力。这些能力不光是三者能力的叠加，而是通过多模态形成更高级的智能。可以推测，随着接入的模态数据越多，参数规模越大，就会有更多的多模态能力涌现出来。那么 GPTN 系列是否会产生强人工智能，人类的命运是否会像马斯克在一段采访中所说的那样：“碳基文明只是硅基文明的启动器”，这些都是未来可能会面临的问题。

尽管 Transformer 和大脑在信息处理方式上有许多相似之处，但 Transformer 在应用范围上仍非常狭窄，缺乏许多源自大脑生物复杂性的强大功能。深度网络与大脑之间的相似性为揭示自然语言处理的基础提供了一个起点，但找出这两个系统之间的其他差异仍是构建像人类一样学习和思考的算法的重要挑战。

11.2 数据资源枯竭

在探索 GPT-5 及后续版本的可能性与发展前景时，有几个关键因素必须予以重点考虑：数据量、数据质量以及数据来源。这些可能决定了 GPT-5 及后续版本是否能够接近或超越人类智能的关键要素。

有媒体开始预测 GPT-5 的发布日期，并预测 GPT-5 在多模态处理能力方面将有重大突破。据现有资料表明，GPT-5 可能会在约 25 000 个 GPU 的规模上进行训练。据 TechRadar 的报道，Chachi BT 已经在 10 000 个性能超越 A100 GPU 的 NVIDIA GPU 上进行了训练。对于 GPT-5 的发布时间，Geordie Rybass 的预测可以作为参考，他预测 GPT-5 或类似模型可能在 2024 年春末或初夏发布。

一项对 DeepMind 研究的总结指出，模型的参数规模与训练数据量之间存在一种优化平衡。例如，GPT-3 和 Palm 等模型的参数数量远超出其实际需求，它们实际上更需要大量高质量的数据。因此，GPT-4 需要 1 万亿参数的说法似乎并不准确。事实上，GPT-5 的参数可能与 GPT-4 相同，甚至可能更少。根据 2022 年 7 月的一篇 LessWrong 博客文章，当前的语言建模性能主要受到数据量的限制，而不是模型规模。只要获得足够的数据，就无须运行拥有 5000 亿参数，甚至 1 万亿或更大规模参数的模型。

在 GPT 模型的提升过程中，数据质量至关重要，然而，获取高质量的数据仍然是一个挑战。目前，GPT-3 和其他一些模型在大约 3000 亿个 token 上进行了训练。考虑到 DeepMind 的 Chinchilla 模型在大约 1.4 万亿个 token 上进行了训练，GPT-5 在数据量方面可能会有显著的提升。高质量数据的已知来源包括科学论文、书籍、网络爬取的内容、新闻、代码以及维基百科。目前已知的高质量数据大约在 4.6 万亿到 17 万亿个词之间。这表明距离耗尽高质量数据仅有一个数量级的距离，这种情况可能出现在 2023—2027 年，对人工智能的近期发展将产生深远影响。

此外，数据来源的不确定性仍是一个问题。例如，Google 和 OpenAI 并未透露他们的数据来源，可能是为了避免所有权和补偿的争议。同时，随着 AI 图像生成等领域的法律问题日益突出，确定数据来源将成为重要议题。尽管如此，GPT-5 仍然会借鉴过去的经验，尽可能获取更多的高质量数据。自 GPT-4 交给微软以来，在没有进一步提高数据利用或提取效率的情况下，高质量数据的存量每年增长约 10%。

除数据问题以外，GPT-5 在各方面都有可能取得技术突破。一方面，研究者或许能发现从质量较低的数据源中提取高质量数据的方法。另一方面，引入自动化链式思维引导（Chain of Thought Prompting）策略，有望显著提升模型的表现。尽管性能和成本因素可能限制模型训练，但多轮利用同一数据训练模型是行之有效的策略。人工生成并筛选数据集也是一个提升模型在复杂数学问题等方面表现的有效方法。

如果 GPT-5 能有效利用 9 万亿高质量 token 数据，其性能预期将实现数量级的提升，这可能对就业市场产生深远影响。在阅读理解、逻辑和批判性思考、高中物理以及数学等领域，GPT-5 有望超过人类评估者。并且，随着文本到语音、图像到文本、文本到图像以及文本到视频虚拟形象等技术的进步，AI 教师的出现可能近在咫尺。然而，GPT-5 的发布时间尚不确定，其中一个原因是它的发布可能取决于 OpenAI 内部的安全研究进展。OpenAI 的首席执行官 Sam Altman 表示，只有在完成对齐工作、进行安全考量并与外部审计机构合作之后，相关模型才会发布。

在这种背景下，保持 AI 安全性研究进展与模型性能提升的同步至关重要。尽管无法确定 GPT-5 的具体发布时间，但基于更多高质量数据的获取以及其他优化策略的执行，GPT-5 未来有可能带来颠覆性的变化。

总的来说，GPT-5 及后续版本的发展将受到数据质量、来源和使用策略的影响。虽然存在许多不确定性，但有了高质量的数据，并通过改善模型训练策略以及提高数据使用效率，GPT-5 有望在不久的将来实现数量级的性能提升。这将使其在阅读理解、逻辑和批判性思考、高中物理学以及数学等领域超过人类评估者，并可能对就业市场产生深远影响。然而，人们仍需要在追求技术进步的同时，重视安全性研究和模型性能提升之间的平衡，充分考虑到安全和伦理问题。

11.3　自回归模型的局限性

许多研究者认为，由于其内在架构的缺陷，以 GPT 系列为代表的自回归大语言模型可能无法仅通过增加多模态数据与参数规模达到强人工智能。学者 Yi Ma 等强调，在复杂环境中生存和运行的自主智能体必须能够高效地学习反映过去经验和当前环境的模型，这些模型对于信息收集、决策制定和行动执行非常关键。然而，过去十年的人工智能进步主要基于深度学习方法，这种方法通过"蛮力"训练模型，尽管 AI 模型能获得一些功能模块进行感知与决策，但其学习到的特征表示通常难以解释。

此外，过度依赖计算能力的增加来训练模型，导致深度学习 AI 模型的规模和计算成本持续增长，并在实际应用中出现诸多问题。例如，深度网络学习到的表征缺乏多样性，训练稳定性差，以及对适应性和灾难性遗忘的敏感性低等。

Yi Ma 认为，这些问题的根源在于在当前深度网络中，用于分类的判别模型和用于采样或重放的生成模型的训练在大部分情况下是分开进行的。这种类型的模型通常是开环系统，需要通过监督或自监督进行端到端的训练。然而，维纳等早已发现，这种开环系统无法自动纠正预测错误，也无法适应环境变化。

Yi Ma 主张通用人工智能必须满足简约原则与自治原则。简约原则关注如何从数据中提取并表示信息，以便更有效地进行学习。这个原则与信息编码理论密切相关，信息编码理论研究如何准确地量化数据中的信息，并寻求最高效的信息表示。在神经科学中，简约原则得到了广泛的支持，例如大脑的功能结构中的稀疏编码和子空间编码等，如图 11.2 所示。

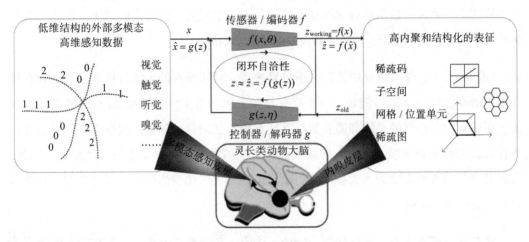

图 11.2　通用机器学习框架

（图片来源：论文"On the principles of parsimony and self-consistency for the emergence of intelligence"）

简约原则在深度学习中可以帮助解决许多现有问题，如神经塌缩、模式塌缩以及对变形和对抗性攻击的脆弱性。通过在模型设计和训练过程中保持简约，可以提高模型的学习效率、稳定性和适应性。

自洽原则主要关注如何实现学习目标，即如何通过高效、有效的计算来实现从数据中学习的目标。这个原则与控制/博弈理论密切相关，控制博弈理论为实现任何可衡量目标提供了一个通用有效的计算框架——闭环反馈系统。自洽原则在深度学习中可以帮助解决许多实际问题，如灾难性遗忘和对环境变化的不适应。通过将判别模型和生成模型融入一个完整的闭环系统中，可以实现自主学习，进而提升学习的效率、稳定性和适应性。

然而，以 GPT 系列为代表的自回归大语言模型，通过使用大量的神经元来学习庞大的知识和语言模型。但这也带来了 GPT 系列的模型规模和计算成本显著增大，显然不符合简约原则。同时，GPT 系列作为开环系统，需要通过监督或自监督进行端到端的训练，无法自动纠正预测错误。

图灵奖得主 LeCun 同样对自回归大语言模型的前景持悲观态度。从数学或机器学习的角度来看，大语言模型是对词语序列的概率相关性分布的建模，即以语句中词汇的组合（语句可以视为数学中的向量）作为输入条件，预测下一个时刻不同词汇出现的概率分布。从理论上来说，输出序列规模越大，累积误差也越大，因此难以解决由模型自身产生的事实错误、逻辑错误、前后矛盾及推理限制等问题。

LeCun 认为，未来研究的关键在于世界模型。相比现有的大语言模型，人类和动物在学习效率上明显优越。例如，一个没有驾驶经验的青少年只需要 20 小时就能学会驾驶，而现有的自动驾驶系统却需要数百万甚至数十亿的标注数据，或在虚拟环境中进行数百万次强化学习试验。然而，即使如此，它们的驾驶能力仍无法与人类相比。因此，当前机器学习研究面临的三大挑战是：学习世界的表征和预测模型、学习推理以及学习计划复杂的动作序列。

针对现有机器学习方法的问题，LeCun 认为，在未来几十年，人工智能发展的真正障碍在于设计世界模型的架构和训练范式。世界模型的训练是自监督学习的一个典型例子，其基本思想源于模式补全。对未来输入（或暂时未观察到的输入）的预测是模式补全的一个特例。然而，世界只能被部分预测，问题在于如何表征预测中的不确定性。概率模型在连续域中难以实现，而生成式模型则必须预测世界的每一个细节。因此，LeCun 提出了联合嵌入预测架构（Joint-Embedding Predictive Architecture，JEPA），使一个预测模型能代表多种预测。

综上所述，尽管 GPT 系列等大语言模型取得了一定的成功，但它们仍面临着显著的挑战。为了实现真正的通用人工智能，未来的研究可能需要关注简约原则和自治原则，以及探索世界模型和新型训练范式。

11.4　具身智能

1950 年，Alan Turing 首次提出了"具身智能"的概念。具身智能描述的是一种智能体（如机器人）能够通过感知、行动和学习，与环境进行动态交互，以获取知识和增强其对环境的适应能力。

11.4.1　具身智能的挑战

在过去的十年中，机器人在感知、表征和行动方面已取得了显著的进步。例如，深度学习在图像分类任务上的表现已经超越了人类，同时，波士顿动力公司的人形机器人展示了极高水平的肢体控制和协调能力。尽管如此，人工智能领域一直面临着如何从数据中理解环境、做出决策，并进行通用学习的挑战。"具身智能"这个概念凸显了机器人所需的几项关键能力：

1）感知。机器人需要有能力感知其周围环境，例如通过摄像头和传感器收集图像、声音、触觉等多模态数据。

2）表征。机器人需要能够从其感知到的数据中提取并表示信息，以便更好地理解和解释环境。

3）决策。基于收集到的信息，机器人需要能够做出恰当的决策，例如在导航任务中规划最优路径。

4）行动。机器人需要能够执行其决策，例如通过控制电机或其他执行器移动或操作物体。

5）学习。机器人需要从与环境的互动中学习，以提高其决策和行动的效率和适应性。

目前，大语言模型如 ChatGPT 等已经展现出对任务的理解能力、规划能力以及调用第三方工具的能力，这标志着它们正在向通用人工智能方向迈进。特别是当这类大语言模型获得了处理图像、视频、音频等多模态数据的能力后，它们将整合表征、决策和学习的能力，为机器人提供了一种真正意义上的"大脑"。通过摄像头、传感器等设备获得感知能力，并通过机器人运动控制系统进行行动，具身智能的实现成为可能，这将引领巨大的社会变革。

11.4.2　PaLM-E

Google 的 PaLM-E 项目展示了大语言模型在具身推理任务中的潜力。PaLM-E 是一个仅使用了 Transformer 解码器架构的大语言模型，其核心是在 PaLM 模型的基础上通过包含视觉、连续状态估计和文本输入编码的多模态语句进行预训练，将智能体对外界环境的感知信息（如图像、状态估计或其他传感器模态）与自然语言 token 嵌入相同维度的向量空间。

PaLM-E 的多模态语句包括文本和（多个）连续观察，这些观察的多模态标记与文本相互交错，形成多模态句子。例如 " <img 1> 和 <img 2> 之间发生了什么？"，其中 <img i> 指代由视觉 Transformer（ViT）生成的图像嵌入。如图 11.3 所示，PaLM-E 的输出是由模型自回归生成的文本，它可以作为问题的答案，或一系列以文本形式生成的决策，这些决策被应用于连续的机器人操作规划、视觉问题回答和字幕生成等多种具身任务。

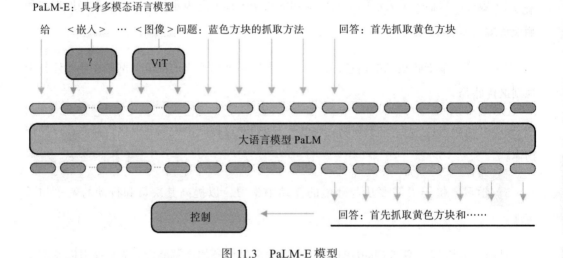

图 11.3　PaLM-E 模型

（图片来源：论文 "Palm-e: An embodied multimodal language model"）

图 11.4 展示了一个具身推理任务的实例，即从抽屉中取出薯片的任务。完成这种任务不仅要求机器人理解人类的语言和意图，还需要观察和操作环境中的物体，并规划出一系列子目标和相应的行动步骤。

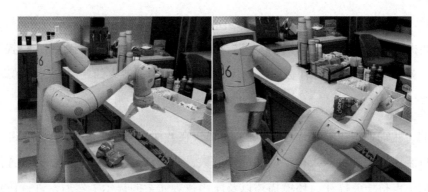

图 11.4　PaLM-E 具身推理任务的实例

11.4.3　ChatGPT for Robotics

与 PaLM-E 项目不同，微软的 ChatGPT for Robotics 项目采用的是 ChatGPT 的非多模态版本，因此，它不具备多模态的感知能力，而是需要借助其他工具将环境的信息转化为文本描述，并输入 ChatGPT 中。这需要设计出描述任务约束、物体的重量和大小、环境描述（如导航时应避免碰撞）、当前状态（如机器人和目标的当前状态）以及完成任务的示例等方面的提示（见图 11.5）。

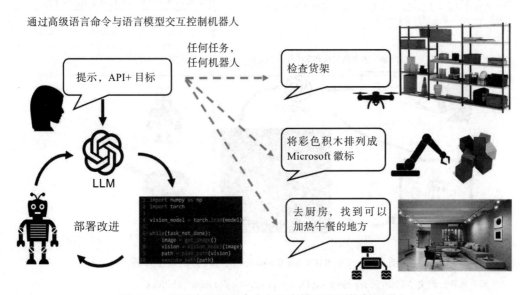

图 11.5　通过高级语言命令与语言模型交互控制机器人

此外，ChatGPT 的任务分解和决策过程也必须以文本指令的形式控制机器人。这就需要封装机器人的底层原语动作库，并对这些库函数进行描述。设计出相应的提示之后，ChatGPT 就能生成完成目标任务所需的代码，从而调用机器人的底层原语动作库，实现对机器人行为的控制。

图 11.6 生动地阐述了 ChatGPT for Robotics 在各种情况下执行任务所需的 4 个步骤：首先，封装用于控制机器人行动的功能库函数，如移动、停止、获取目标位置信息等。接着，构建包括任务描述、环境描述以及库函数等元素的提示。然后，进行仿真运行，与 ChatGPT 保持持续交互以确保任务目标得以实现。最后，将代码实际部署在机器中。

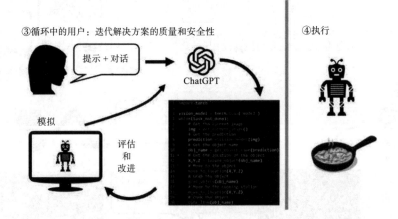

图 11.6　ChatGPT for Robotics 执行任务的 4 个步骤

（图片来源：论文"Chatgpt for robotics: Design principles and model abilities"）

ChatGPT for Robotics 可以完成以下三种不同类型任务：

第一类任务是零样本任务规划，在没有任何任务预设知识的前提下，对新任务进行规划。机器人需根据任务描述生成可执行的计划。以无人机巡检为例，ChatGPT 能有效地从用户输入中获取用户意图，生成可行的检查策略和无人机巡检路线，实现零样本任务规划，从而让非技术用户可以控制无人机完成巡检工作，如图 11.7 所示。

此外，ChatGPT 可以作为用户与机器人间的自然语言接口，让非技术用户也能轻松地与机器人互动并指引其完成复杂任务。然而，在实际应用中，机器人可能需要处理不断变化的环境信息和应对不确定性，大语言模型需要与其他类型的 AI 技术（如强化学习或计算机视觉）相结合，以实现更强大且稳定的具身智能。

图 11.7　无人机巡检零样本任务规划示例

第二类任务是基于交互式对话的复杂任务。这类任务涉及机器人与用户之间进行不断交互，以达成复杂的任务目标。通过这种交互，可以形成复杂的控制模式，使 ChatGPT 学习到一系列简单的控制模式，并将这些简单模式组合以完成更大、更复杂的任务。此外，ChatGPT 还可将生成控制代码的高级别语义需求映射成低级别的代码生成与修改，使非技术型用户能够轻松地与机器人进行交互。

如图 11.8 所示，在无人机避障任务中，非技术用户要求 ChatGPT 为一架配备前向距离传感器的无人机编写一个目标达成和避障算法。虽然 ChatGPT 能够编写避障算法的大部分关键组件，但它仍需要用户反馈有关无人机方向的信息，以指出其遗漏的步骤。尽管非技术用户的反馈是以高级语义的文本形式提供，但 ChatGPT 能在适当的地方对代码进行局部修改以优化其解决方案。通过这些示例可以看出，ChatGPT 能够通过与用户的交互式对话逐步优化其解决方案，从而在复杂任务中实现更高的性能。这种方法对于非技术用户尤为有益，因为他们可以使用自然语言向 ChatGPT 提供反馈，而无须了解底层代码的细节。然而，为确保 ChatGPT 能准确理解用户的意图并做出相应的改进，用户需要提供明确且具体的反馈。此外，在某些情况下，可能需要对 ChatGPT 的改进提议进行反复迭代，以达到满意的结果。

图 11.8　无人机避障任务

第三类任务是感知—动作反馈循环。这类任务要求机器人根据对环境的感知生成一系列动作，可以从以下两个角度对 ChatGPT 的感知—动作反馈循环能力进行评估。

首先，考察 ChatGPT 如何利用 API 库构建感知—动作反馈循环。在生成的代码输出中，ChatGPT 准确地调用了图像采集和物体检测等感知功能，从而获取了机器人导航和控制的信息。这展示了 ChatGPT 在处理视觉感知信息方面的优秀性能，使得机器人可以在未知环境中有效地导航和操作。

其次，评估 ChatGPT 是否能够生成封闭的感知—动作反馈循环。为了探讨这个问题，研究者通过文本对话持续地向模型输入感知信息，即先将环境的感知数据转换为文本格式，再输入 ChatGPT 中。可以发现 ChatGPT 能够解析这些感知数据，并根据这些数据生成对应的动作。

在感知—动作反馈循环任务实验中，为 ChatGPT 提供了一个计算机视觉模型作为功能库的一部分，并指导它在未知环境中探索并导航到用户指定的物体。物体检测 API（使用的后端是 YOLOv8）返回物体的边界框，而 ChatGPT 则生成了用于估计物体相对角度并导航至物体的代码。当为 ChatGPT 提供深度传感器的信息时，它可以继续改进算法，并以模块化的形式进行表示。

图 11.9 所示的实验基于 Habitat 模拟器构建了一个场景，并指示智能体导航到感兴趣的区域。该实验从对话角度评估 ChatGPT 作为感知—动作反馈循环的功能。在此模式下，环境的感知数据（可见物体极坐标的场景描述）以对话文本的形式输入给 ChatGPT，并限制了 ChatGPT 的输出，返回前进距离和转向角，智能体则执行这些输出，从而产生新的环境感知数据。

图 11.9　ChatGPT 的感知—动作反馈循环示例

该实验验证了模型能够完成简单的导航任务，但对于更复杂的任务和环境，仍需要研究如何以文本或向量形式准确描述环境场景。

总之，感知—动作反馈循环任务要求机器人根据对环境的感知来生成一系列动作。通过将环境感知信息连续地输入 ChatGPT，并观察它的输出，可以发现该模型能够解析观察数据，并根据这些数据生成适当的动作。这说明 ChatGPT 可以作为一个感知—动作反馈循环系统，帮助机器人在复杂环境中进行有效的导航。

然而，在实际应用中，需要找到更适合描述场景上下文的方式，以使模型能更准确地理解环境。此外，为了提高模型的性能，还需要研究如何以更高效、简洁的方式将感知信息输入模型。在实际场景中还可能需要处理一些其他问题，如计算资源的限制、模型的实时性能以及安全性和可靠性等。

当前，微软的 ChatGPT for Robotics 和谷歌的 PaLM-E 等研究项目展示了大语言模型对机器人领域的潜在影响。大语言模型的推理和任务分解能力有其局限性，同时也不能忽视实际物理场景中的安全性问题。然而，采用大语言模型的具身智能将极大地提升现有的生产力，这将是一个具有极大商业价值的研究方向。

11.5 小结

随着 GPT-4 的发布以及 GPT-5 的开发进程，人工智能领域进入了新的发展阶段。可以预测，未来的 GPT 系列模型将会通过使用更大规模的多模态数据、更高参数的模型，探索知识密集型任务的性能极限。然而，当前的大语言模型在复杂推理任务中仍然存在不足。例如，即使在处理简单的字符复制推理或加减乘除运算时，若输入字符串或数字过长，大语言模型的推理能力也会显著下降。同时，大语言模型的复杂行为规划能力也相对薄弱。尽管如此，当大语言模型参数达到一定规模阈值后，其效果也显示出遵循规模法则的特征。

这引出了两个关键问题：首先，大语言模型的规模效应能将问题解决到何种程度？其次，考虑到大语言模型的"涌现能力"，如果继续增大模型规模并引入更多的多模态数据，会出现哪些人们无法预测的新能力？尽管有一些研究对于 GPT 系列的研究路线提出质疑，但是，GPT-4 展现的跨多个模态、领域的理解能力，智能代理与任务规划能力，以及在机器人领域的广阔应用场景，这些都宣告了新的通用人工智能时代到来。未来已来，除了拥抱别无选择！